网站制作案例教程

主　编　赵　攀
副主编　徐小娟　仝　媛　李慧茹
　　　　邹贵财
参　编　韩雨楠　黄春鼎　张泳浩
　　　　王宇东　邱韶杰
主　审　杨懿竣

北京理工大学出版社
BEIJING INSTITUTE OF TECHNOLOGY PRESS

内 容 简 介

本书以岭南旅游网站为载体,介绍了网站 PC 端和移动端页面制作的技术和过程。书里包含两个项目,项目一是岭南旅游网 PC 端制作,项目包含 14 个从简单到复杂的任务,分别是新建网站、关于岭南页主体、页脚、导航、头部、景点详情页、热门景点列表页、旅游攻略列表页、联系我们页和首页等 HTML 页面或页面关键部分的制作,以及轮播图、公告栏、点击小图展大图和注册验证等 JavaScript 特效的制作。读者能从零开始制作 PC 端网站里各种类型的页面。项目二是岭南旅游网移动端制作,项目包含 6 个从简单到复杂的任务,分别是移动端新闻详情页、移动端新闻列表页、移动端景点详情页、移动端景点列表页和移动端首页等页面的制作,以及网站适配 PC 和移动端设备。读者可以体会制作移动端页面和 PC 端页面的联系和区别。

任务中包含相关知识讲解、实施步骤、任务拓展和知识点习题,读者可以在制作网站的过程中掌握相关知识,提升技能水平。

本书的读者可以是院校的学生和教师,以及对网页和网站制作有兴趣的其他人士。

版权专有 侵权必究

图书在版编目(CIP)数据

网站制作案例教程 / 赵攀主编 . -- 北京 : 北京理工大学出版社,2024.11.
ISBN 978-7-5763-4599-5

Ⅰ . TP393.092

中国国家版本馆 CIP 数据核字第 2024XZ2655 号

责任编辑: 陈莉华　　**文案编辑:** 李海燕
责任校对: 周瑞红　　**责任印制:** 施胜娟

出版发行 / 北京理工大学出版社有限责任公司
社　　址 / 北京市丰台区四合庄路 6 号
邮　　编 / 100070
电　　话 /(010)68914026(教材售后服务热线)
　　　　　　(010)63726648(课件资源服务热线)
网　　址 / http://www.bitpress.com.cn

版 印 次 / 2024 年 11 月第 1 版第 1 次印刷
印　　刷 / 定州市新华印刷有限公司
开　　本 / 889 mm × 1194 mm　1/16
印　　张 / 15.5
字　　数 / 300 千字
定　　价 / 82.00 元

图书出现印装质量问题,请拨打售后服务热线,负责调换

前言

本书以习近平新时代中国特色社会主义思想为指导，为了贯彻党的二十大精神，坚持"升学就业并重"的办学方向，健全"德技并修、工学结合"的育人机制，为构建"德智体美劳全面发展"的人才培养体系编写了本书。

本书内容

本书以岭南旅游网站为载体，介绍了网站PC端和移动端页面制作的技术和过程。

本书依据项目开发流程，重构了网页制作的知识和技能点，将其通过由简单到复杂的各个任务展开，带领读者从零开始，制作包含PC端和移动端的网站，并在制作过程中掌握相关知识，提升技能水平。

本书包含两个项目，项目一是岭南旅游网PC端制作，项目包含14个从简单到复杂的任务，分别是新建网站、简单详情页、页脚、导航、头部、复杂详情页、热门景点列表页、旅游攻略列表页、联系我们页、首页等10个HTML页面或部分的制作，以及轮播图、公告栏、单击小图展大图、注册验证等4个JavaScript特效的制作。读者将能从零开始制作PC端网站里各种类型的页面。

本书中的项目二是岭南旅游网移动端制作，项目包含6个从简单到复杂的任务，分别是移动端新闻详情页、移动端新闻列表页、移动端景点详情页、移动端景点列表页、移动端首页等页面的制作，以及网站适配PC和移动端屏幕的方法，读者将在制作过程中体会移动端页面和PC端页面制作的联系和区别。

本书特色

1.项目设计时尚美观，读者能做出美美的网站。

2.当前手机网络应用广泛，本网站也包含了PC端和移动端两个项目，读者能在实操中感受两种网页技术的联系和区别。

3. 任务从简单到复杂，新手适应无压力。

4. 每个任务有知识点、有操作、有习题，全方位提高知识和能力。

本书读者

本书的读者可以是院校的学生、教师，以及对网页制作有兴趣的其他人士。

本书编者

本书的编者由院校专家、从事网页制作相关教学的一线教师、多年从事 Web 开发的企业技术人员组成，他们具有丰富的教学、开发和培训经验。

编　者

扫码查看微课视频

目录

项目一　PC 端页面制作——以岭南旅游网为例 … 1

任务 1　新建网站 … 4
任务 2　简单详情页主体部分制作 … 10
任务 3　页脚制作 … 23
任务 4　导航制作 … 30
任务 5　头部制作 … 37
任务 6　复杂详情页制作 … 48
任务 7　热门景点列表页制作 … 67
任务 8　旅游攻略列表页制作 … 76
任务 9　联系我们页制作 … 85
任务 10　首页制作 … 96
任务 11　网站轮播图特效 … 118
任务 12　公告栏滚动特效 … 129
任务 13　图片展示特效 … 134
任务 14　表单输入验证特效 … 144

项目二　移动端页面制作——以岭南旅游网为例 ……………………… 151

　　任务 15　移动端新闻详情页制作 …………………………………………… 153

　　任务 16　移动端新闻列表页制作 …………………………………………… 168

　　任务 17　移动端景点详情页制作 …………………………………………… 175

　　任务 18　移动端景点列表页制作 …………………………………………… 186

　　任务 19　移动端首页制作 …………………………………………………… 191

　　任务 20　屏幕适配 PC 或者移动端 ………………………………………… 206

项目一
PC端页面制作
——以岭南旅游网为例

项目介绍

岭南旅游网是一个美观方便的旅游信息网站，用户通过访问网站，可以获取岭南的景点、美食、攻略、新闻、旅游服务等信息。本项目将制作岭南旅游网的 PC 端页面，即使用电脑浏览器访问网站时展示的页面。书本后面还将介绍移动端页面的制作。

本项目包含 14 个从简单到复杂的任务，分别是新建网站、简单详情页、页脚、导航、头部、复杂详情页、热门景点列表页、旅游攻略列表页、联系我们页、首页等 10 个 HTML 页面或部分的制作，以及轮播图、公告栏、图片展示、表单验证等 4 个 JavaScript 特效的制作。读者将能从零开始，制作 PC 端网站里各种类型的页面。

页面的部分效果如图 1 所示。

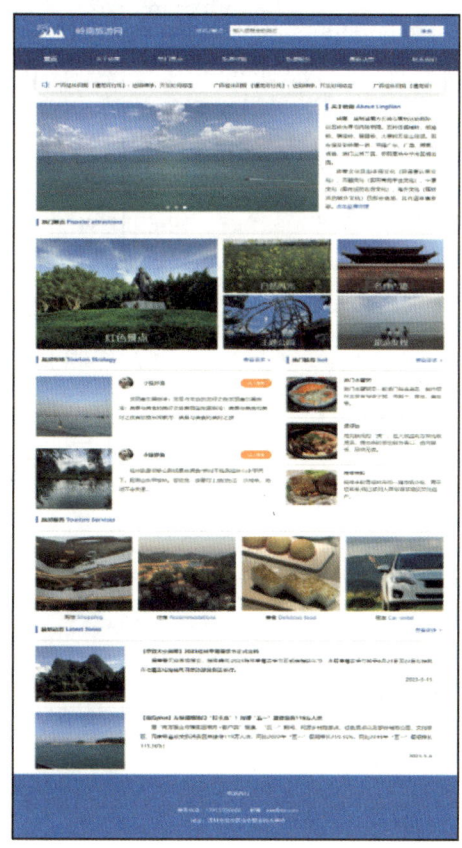

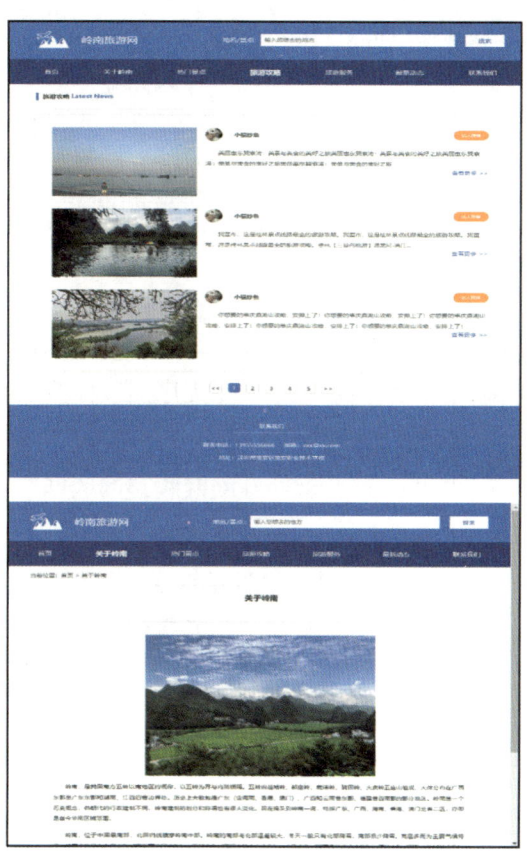

图 1 项目效果图

学习目标

知识目标： 掌握网页制作的基本知识，包括 HTML、CSS、JavaScript 等知识。

技能目标： 掌握网站开发的流程，能使用 HTML、CSS 和 JavaScript 技术，从零开始搭建一个 PC 端网站，并制作风格统一的网站页面。

素养目标： 培养精益求精的工作态度，能利用网站开发技术服务社会。

学习指南

读者将在本项目中学会常用的网页标签、CSS 样式和 JavaScript 代码等知识和技能。读者可以阅读每个任务中的"相关知识"部分，学习相应的知识和技能，之后再完成任务。如果读者想重点学习某些知识和技能点，也可以参看下面的对应表，找到相关知识技能点在项目中的位置，来针对学习。

每个任务后面配有理论习题，读者可以通过完成理论习题来巩固知识技能点。每个任务也有对应的"岭南文化网"的拓展任务，学有余力的读者可以完成拓展任务的制作。知识点与任务对应如表 1 所示。

表 1　知识点与任务对应表

分类	二级分类	知识技能点	任务点
HTML 标签	------------	标题标签	2.1.2
		段落 p 标签	2.1.3
		图片 img 标签	2.1.4
		超链接 a 标签	2.1.5
		无序列表标签 ul-li	4.1.1
		有序列表标签 ol-li	4.1.2
		span	5.1.1
		表单和表单控件	5.1.2
		表格标签（table、tr、th、td）	9.1.1

续表

分类	二级分类	知识技能点	任务点
CSS 样式	盒模型	盒模型（宽高和内外边距）	2.2.1
		盒子在页面居中	2.2.2
		盒子阴影	2.2.3
		最小宽度	3.2.1
		边框	3.2.4
		圆角边框	6.2.1
		box-sizing	7.1.1
		元素溢出设置	6.2.2
	文字样式	文字颜色、大小、字体、粗细等	2.2.4
		行高	2.2.5
		文字水平对齐方式	2.2.6
		文字垂直对齐方式	2.2.7
		文字段落首行缩进	2.2.8
		文字空白间距	3.2.3
	图片和背景	背景颜色	3.2.2
		背景图片	7.1.3
	元素样式	图片的 object-fit 属性	2.2.9
		超链接 a 的样式	2.2.11
		列表的样式	4.2.1
		文本框和按钮的 outline	5.2.1
		表格相关样式	9.2.1
	布局	元素显示方式（display）	2.2.10
		浮动（float）	4.2.2
		弹性盒子	5.2.3
		弹性盒子和元素类型	任务 8 相关知识
		定位方式	10.2
	其他属性	元素应用多个类的样式	3.1
		CSS 根颜色技术	5.2.2
		after 伪元素	6.2.3
		before 伪元素	7.1.2

续表

分类	二级分类	知识技能点	任务点
JavaScript 编写页面特效	元素、元素属性和操作	获取元素	11.1
		操作元素	11.2
		获取或设置元素宽度	13.3
		元素的 client 系列属性	12.1
		元素的 scroll 系列属性	12.2
		元素的 offset 系列属性	11.4
	事件	事件响应的概念	13.1
		注册事件的三种方法	13.2
		事件的捕获和冒泡	13.4
	定时器	定时器函数	11.3
	正则	正则表达式	14.1
	其他	滚动特效的实现原理	12.3
其他		在页面中使用地图	6.1

任务1　新建网站

任务描述

有很多软件都可以用来制作网站，这些工具可以让我们事半功倍。我们选择一种好用的软件，就可以开始工作了。在制作网站前，一定要在一开始就规划好网站里的文件存放规则，在网站文件多了之后，才不会乱。

任务目标

了解开发网站的各种工具。能用 HBuilderX 新建网站，并正确规划网站文件夹。培养信息的分类、组织和管理能力。了解国产软件在信息技术发展过程中的贡献。

相关知识

1.1 网站开发工具

1.1.1 HBuilderX

HBuilderX，H 是 HTML 的首字母，Builder 是构造者，X 是 HBuilder 的下一代版本。我们也简称 HX。HX 是轻如编辑器、强如 IDE 的合体版本。

HX 有如下的优点：

1. 轻巧

仅 10 余 M 的绿色发行包（不含插件）。

2. 极速

不管是启动速度、大文档打开速度、编码提示，都极速响应，C++ 的架构性能远超 Java 或 Electron 架构。

3. Vue 开发强化

HX 对 Vue 做了大量优化投入，开发体验远超其他开发工具。

4. 小程序支持

国外开发工具没有对中国的小程序开发优化，HX 可新建 uni-app 小程序等项目，为国人提供更高效工具。

5. markdown 利器

HX 是一个新建文件默认类型是 markdown 的编辑器，也是对 md 支持最强的编辑器。

6. 强大的语法提示

HX 是中国唯一一家拥有自主 IDE 语法分析引擎的公司，对前端语言提供准确的代码提示和转到定义（Alt+ 鼠标左键）。

7. 高效极客工具

更强大的多光标、智能双击，让字处理的效率大幅提升。

8. 更强的 json 支持

现代 js 开发中大量 json 结构的写法，HX 提供了比其他工具更高效的操作。

1.1.2 Visual Studio Code

Visual Studio Code 是一款免费的跨平台代码编辑器，支持多种编程语言和框架，包括 JavaScript、TypeScript、Python、C# 等。它具有智能感知、调试、Git 版本控制、插件扩展等丰富的功能，并提供了用户友好的界面和高效的工作流程。Visual Studio Code 可以用于开发 Web 应用程序、桌面应用程序、移动应用程序等，也可作为普通文本编辑器使用。由于其轻量级、快速、易扩展的特点，Visual Studio Code 已成为开发者们喜爱的工具之一。

Visual Studio Code 有以下优点：

1. 轻型
VS code 的文件占用内存和大小较小，启动速度较快。

2. 多平台支持
支持常见的 Windows、Linux 和 macOS 等平台。

3. 全球化
拥有全球化的平台和社区。

4. 内置调试程序
拥有强大的调试工具，可以帮助开发者更快更好地解决各种问题。

5.IntelliSense 技术
在基础的补全代码、提示关键字功能上，可以进一步根据项目语言和类型提供更多的只能感知选项。

6. 集成 Git
内置 Git 功能插件，可以更好更便捷地保存自己项目的更新记录。

可扩展。拥有数量庞大的插件库，并在持续更新当中，可以轻松地找到开发、测试等各方面的插件。

1.1.3 DreamWeaver

Dreamweaver 是一款可视化的网页制作工具，它采用了所见即所得的设计理念，操作简单易学，在学习的过程中，你可以直观地看到自己所做的网页的效果，而不需要写太多的代码。它集成了 HTML、CSS、JavaScript 等网页技术，同时支持服务器端的技术，如 PHP、ASP.NET 等，可以进行网站开发和应用程序开发。

Dreamweaver 有以下优点：

1. 模板功能
Dreamweaver 的模板功能可以让用户轻松地保持网站的一致性，可以节省用户大量的时间，而且还可以减少错误的发生。

2. 代码高亮和自动补全
在 Dreamweaver 中，用户可以看到所有的 HTML、CSS、JavaScript 和 PHP 等代码都有不同的颜色和字体来进行区分，这样可以让用户更清晰地判断代码的功能和作用。另外，Dreamweaver 还提供了自动补全的功能，可以节省用户很多时间，让用户更快地编写代码。

3. 可视化编程
Dreamweaver 的可视化编程功能可以让用户直接拖动对象、图像、表格、线条等，让用户更容易地创建网页。用户还可以在 Dreamweaver 的视觉设计器中修改图像、文本、表格等属性，轻松设计出自己满意的网页。

4. 集成 FTP 功能

Dreamweaver 的 FTP 功能可以让用户直接在软件中上传和下载网站文件，这可以让用户不必使用其他 FTP 软件，而且它可以让用户更方便地管理网站，更容易将网站发布到服务器上。

1.1.4 Sublime Text

Sublime Text 是一款轻量级的文本编辑器，也可以用作代码编辑器。其开启和运行速度很快，界面简洁美观，功能强大，可以进行多种代码的开发，是熟练开发者的喜爱工具。

Sublime Text 有以下优点：

1. 便捷操作

该软件以文本编辑器为基础，有充分的便捷操作，例如自动填充、多行多列操作、缩略图显示等。

2. 运行迅速

其在启动速度、编辑效率和运行速度上都有着显著的优势。

3. 插件支持

其拥有庞大的插件生态系统，内置的插件功能可以安装并管理大量插件。

4. 多平台支持

支持常见的 Windows、Linux 和 macOS 等平台。

5. 高定制型

可以根据自己的需求对软件的外观、功能和快捷键等进行设置，是熟练开发者的好帮手。

1.2 网站构成

静态网页开发通常由三部分构成：HTML、CSS 和 JavaScript，我们通常称他们为网页的骨架、样貌和行为。接下来简单介绍一下这三部分。

1.2.1 HTML

HTML 中文为超文本标记语言，是一种标记语言，由不同功能的标签和标签所附带的属性组成。通过不同的标签将文字、图片、表格、表单等内容添加到网页上，在 HTML5 版本中新增了语义化标签和音频、视频等多媒体内容。

HTML 在编写、修订和扩展上都十分简单，并且各种平台上都支持其的使用，所以它是目前制作网页的基础知识。

1.2.2 CSS

CSS 中文为层叠样式表，用来调整网页的表现样式。既可以对网页排版进行精确的控制，也可以进行丰富的外观设计。在 CSS3 版本中又新增了变形、动画等样式，进一步方便了用户对网页的个性化设计要求。

CSS 除了拥有丰富样式种类，其在使用和调整上也十分方便，具有层叠和多页面应用的特点，一个 CSS 文件可以对应多个 HTML 文件，一个 HTML 文件也可以链接多个 CSS 文件。

1.2.3 JavaScript

JavaScript 是一种轻量级、解释性的脚本语言，可以用于网页开发，由 ECMAScript、DOM 和 BOM 三部分组成。ECMAScript 规定了语言的基本语法，DOM 规定了同网页文档的交互方式，BOM 规定了同浏览器的交互方式，后两者是 JS 为网页添加各种各样动态效果的核心模块。

JS 虽然在使用过程中存在安全性较差等问题，但是它简单、易上手、跨平台等特点使其目前仍是 Web 开发中最流行的编程语言。

任务实施

【步骤一】创建项目

在 HBuilder 中单击"文件 – 新建 – 项目"，输入项目名 travel，选择项目在电脑上存储的路径，模板选择"基本 HTML 项目"，单击"创建"按钮。如图 1-1 所示为新建项目。

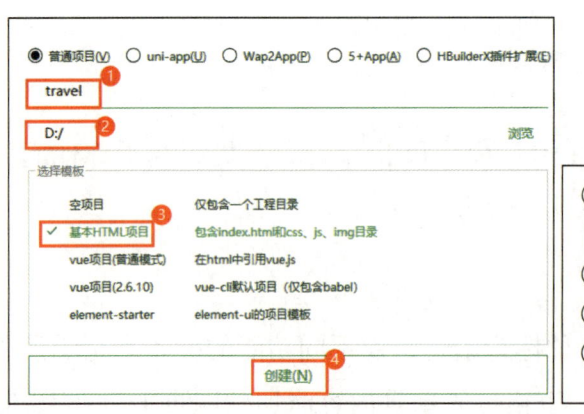

图 1-1　新建项目

创建完毕后，HBuilder 左侧会出现 travel 项目列表，里面有 css、img 和 js 文件夹以及一个 index.html 页面，电脑的 D 盘也会对应创建一个 travel 文件夹，这个文件夹就是网站存放的文件夹，如图 1-2 所示。

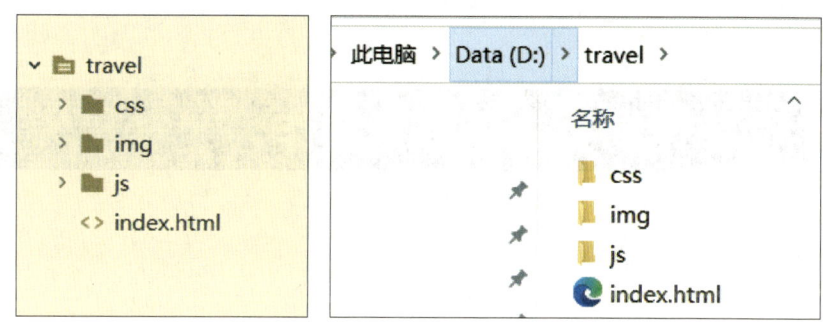

图 1-2　项目文件夹

【步骤二】引入图片

将图片素材放到图片 img 文件夹中。

任务拓展

请新建另一个网站：岭南文化网，并清晰规划网站里文件的存放路径。

知识点习题

1.（单选题）以下关于网页结构说法正确的是（　　）。

A. HTML 文件是表示层　　　　　　B. CSS 文件是结构层

C. JS 文件是行为层　　　　　　　　D. 以上都不对

2.（单选题）以下关于 HTML 描述不正确的是（　　）。

A. HTML 是一种编程语言　　　　　B. HTML 是描述网页的语言

C. HTML 是由标记标签组成的　　　D. HTML 是超文本标记语言

3.（判断题）一个 CSS 文件只能被一个 HTML 文件所使用。（　　）

4.（判断题）JavaScript 和 Java 关系密切，前者是后者的衍生版本。（　　）

5.（判断题）在 HTML 中可以完成 CSS 和 JavaScript 代码的书写，所以在制作网页时我们不需要创建 CSS 和 JS 文件，代码都在写 HTML 文件中即可。（　　）

任务2　简单详情页主体部分制作

任务描述

在网站中做一个介绍岭南的网页，以帮助用户更好地总体认识岭南。页面中包含文字和图片，排版美观，跳转清晰，用户在看完页面后能方便地跳转到其他页面，如图2-1所示。

图2-1　任务2效果图

任务目标

掌握div、标题、段落、图片、超链接标签的用途、属性和样式。掌握盒模型的设置方式。能设置文字和图片相关的样式。向页面添加盒子、文字、图片和超链接等元素，制作美观的关于岭南的页面，展现岭南的历史和特点。

相关知识

2.1 网页样式

2.1.1 div 标签

div 标签（division）可定义文档中的分区，可以把文档分割为独立的、不同的部分，是一个块级元素。经常与 CSS 一起使用，用来布局网页。

示例代码：文档中的一个区域将显示为红色。

```
<div style="color:#FF0000">
 <h3>这是一个在 div 元素中的标题。</h3>
 <p>这是一个在 div 元素中的文本。</p>
</div>
```

运行结果如图 2-2 所示。

这是一个在 div 元素中的标题。

这是一个在 div 元素中的文本。

图 2-2　块级元素 div

2.1.2 标题标签

HTML 中提供了从 <h1> 到 <h6> 六个级别的标题标签，<h1> 标签的级别最高，<h6> 标签的级别最低，通过这些标签可以定义网页中的标题，合理使用标题可以使网页的层次结构更加清晰。

示例代码：

```
<h1>h1标题</h1>
<h2>h2标题</h2>
<h3>h3标题</h3>
<h4>h4标题</h4>
<h5>h5标题</h5>
<h6>h6标题</h6>
```

运行结果如图 2-3 所示。

h1标题
h2标题
h3标题
h4标题
h5标题
h6标题

图 2-3　标题标签

> **小贴士**
>
> （1）标题标签只能用来定义标题，不可以使用标题标签来对文本进行加粗设计；
> （2）由于搜索引擎（例如百度）是使用标题来索引网页结构和内容的，因此使用标题标签有利于搜索引擎的抓取；
> （3）标题标签并不是随意使用的，要根据具体的使用环境，按照级别从高到低地使用标题标签。

2.1.3　段落 p 标签

段落标记 <p>…</p>，指示文本另起一段。

示例代码：

```
<p>这是一个段落</p>
<p>这是另一个段落</p>
```

运行结果如图 2-4 所示。

这是一个段落

这是另一个段落

图 2-4　段落标签

> **小贴士**
>
> （1）浏览器会自动在段落前后各添加一个空行；
> （2）如果段落中出现多个连续的空格，浏览器会忽略这些空格只保留一个；
> （3）如果段落中出现多个连续的换行，浏览器会将这些换行转换成一个空格。

2.1.4　图片 img 标签

<img> 标签用于在 HTML 页面中嵌入一个图像。图像标签的常用格式为：

```
<img src ="url" [alt="替换文本" width ="n" height="n" ] />
```

（1）src 属性：该属性值指示引用图像的路径。

（2）alt 属性：该属性值用于在鼠标指向该图像时显示的文字说明。该属性的另一个作用是，如果浏览器中无法显示图像，会在图像位置上显示该文字。

（3）width、height 属性：这两个属性指示图像在网页中显示图像的大小。

示例代码：

```
<img src=" /images/banner.jpg" alt="欢乐港湾" width="800" height="600" />
```

运行结果如图 2-5 所示。

图 2-5　图片标签

2.1.5　超链接 a 标签

<a> 标签定义超链接，用于从一个页面链接到另一个页面。a 标签的常用格式为：

`<a href="链接文档" target="在何处打开链接文档">首页</a>`

a 标签的属性和值如表 2-1 所示。

表 2-1　a 标签的属性和值

属性	值	描述
href	URL	规定链接的目标 URL
target	_blank _parent _self _top framename	规定在何处打开目标 URL。仅在 href 属性存在时使用。 _blank：新窗口打开。 _parent：在父窗口中打开链接。 _self：默认，当前页面跳转。 _top：在当前窗体打开链接，并替换当前的整个窗体（框架页）

代码示例：

`<a href="http://www.lingnan.com" target="_blank">岭南旅游</a>`

运行结果如图 2-6 所示。

岭南旅游

图 2-6　超链接 a 标签

2.2　网页样式

2.2.1　盒模型

HTML 的盒模型由内容、内边距、边框和外边距组成，在 CSS 中，分别由 content、padding、border 和 margin 属性来设置。各属性的描述如表 2-2 所示。

表 2-2 各边距的样式描述

属性	描述
margin（外边距）	边框外的区域，外边距是透明的
border（边框）	围绕在内边距和内容外的边框
padding（内边距）	内容周围的区域，内边距是透明的
content（内容）	盒子的内容，显示文本和图像。width 属性表示内容的宽度，height 属性表示内容的高度

各属性的显示如图 2-7 所示。

图 2-7 盒模型结构

边距属性的值可以为 1~4 个，不同个数的值的含义不同，如表 2-3 所示。

表 2-3 内外边距值的个数的含义

内外边距值的个数	含义
1 个值	表示"上下左右边距" 比如 padding: 3px; 表示上下左右内边距都是 3 像素
2 个值	2 个值分别表示"上下边距 左右边距" 比如 margin: 3px 5px; 表示 上下外边距上下为 3 像素，左右为 5 像素
3 个值	3 个值分别表示"上边距 左右边距 下边距" 比如 padding: 3px 5px 10px; 表示内边距上是 3 像素，左右是 5 像素，下是 10 像素
4 个值	4 个值分别表示"上边距 右边距 下边距 左边距"（顺时针） 比如：padding: 3px 5px 10px 15px; 表示内边距上是 3px，右是 5px，下是 10px，左是 15px

注意：内外边距后面跟几个数值表示的意思是不一样的。

2.2.2 盒子在页面居中

盒子实现水平居中的方法是设置 CSS 样式 margin: 0 auto;

原理：块级元素独占一行设置大小后水平方向会剩余空间，设置 auto 左右会自动分配剩余空间。

2.2.3 盒子阴影

可以使用 CSS 样式 box-shadow 定义元素的盒子阴影。每个元素都可以视为一个盒子，box-shadow 可以模仿光线照射盒子产生的阴影效果。

语法：box-shadow:none|[inset x-offset y-offset blur-radius spread-radius color]

box-shadow 属性的值和描述如表 2-4 所示。

表 2-4 box-shadow 属性的值和描述

属性	描述
none	表示没有任何阴影效果，是默认值
inset	表示阴影类型，是可选的。如果省略，表示外阴影。如果设置为"inset"，表示内阴影
x-offset	表示阴影水平偏移量，可取正负值。正值表示阴影在元素的右边；负值表示阴影在元素的左边
y-offset	表示阴影垂直偏移量，可取正负值。正值表示阴影在元素的底部；负值表示阴影在元素的顶部
blur-radius	表示阴影模糊半径，是可选的，只能是正值。取值越大，阴影的边缘越模糊；为 0 时，阴影不具有模糊效果
spread-radius	表示阴影扩展半径，是可选的，可取正负值。正值表示整个阴影都扩大；负值表示整个阴影都缩小
color	表示阴影颜色，是可选的。如果省略，取浏览器默认值

每个盒子都可以设置多个阴影，设置多个时，每个阴影的数据需要用逗号隔开。

2.2.4 文字颜色、大小、字体、粗细等

在 HTML 中，可以通过 CSS 来设置网页中的颜色和字体。下面是一些基本的 CSS 属性，可以用来设置颜色和字体：

（1）color：用来设置字体颜色，可以使用具体颜色值（例如 #FF0000 表示红色）或颜色名称（例如 red 表示红色）。

（2）background-color：用来设置背景颜色，可以使用具体颜色值或颜色名称。

（3）font-size：用来设置字体大小，可以使用具体的像素值或相对值（例如 em 或 rem）。

（4）font-family：用来设置字体类型，可以使用具体的字体名称或字体族名称（例如 sans-serif 或 serif）。

（5）font-weight：用来设置字体粗细，可以使用 bold 或数字值（例如 700 表示比较粗的字体）。

2.2.5 行高

CSS 中设置行高的属性是：line-height。它的值和描述如表 2-5 所示。

表 2-5 line-height 的属性值和描述

属性值	描述
normal	默认。设置合理的行间距
number	设置数字，此数字会与当前的字体尺寸相乘来设置行间距
length	设置固定的行间距
%	基于当前字体尺寸的百分比行间距
inherit	规定应该从父元素继承 line-height 属性的值

2.2.6 文字水平对齐方式

在 HTML 中，可以使用 text-align 属性来设置文字水平对齐方式。

语法：text-align:center（居中）| right（右对齐）| justify（两端对齐）

2.2.7 文字垂直对齐方式

在 HTML 中，可以使用 vertical-align 属性来设置文字垂直的对齐方式（只对行内元素有作用）。

语法：vertical-align:middle（居中）|top（顶部）|bottom（底部）|baseline（基线对齐，默认值）

2.2.8 文字段落首行缩进

在 HTML 中，可以使用 text-indent 来设置文字的缩进，单位有 px、em、rem 等。经常使用的是 em，代码缩进几个字。

代码示例：

```
p{
text-indent:2em; //设置段落缩进两个字符
}
```

2.2.9 图片的 object-fit 属性

object-fit 属性指定元素的内容应该如何去适应指定容器的高度与宽度。

object-fit 一般用于 img 和 video 标签，一般可以对这些元素进行保留原始比例的剪切、缩放或者直接进行拉伸等。

语法：object-fit: fill | contain | cover | scale-down | none | initial | inherit; object-fit 属性的值和描述如表 2-6 所示。

表 2-6 object-fit 属性的值和描述

值	描述
fill	默认，不保证保持原有的比例，内容拉伸填充整个内容容器
contain	保持原有尺寸比例。内容被缩放
cover	保持原有尺寸比例。但部分内容可能被剪切
none	保留原有元素内容的长度和宽度，也就是说内容不会被重置
scale-down	保持原有尺寸比例。内容的尺寸与 none 或 contain 中的一个相同，取决于它们两个之间谁得到的对象尺寸会更小一些
initial	设置为默认值
inherit	从该元素的父元素继承属性

2.2.10 元素显示方式（display）

display 属性设置元素是否被视为块或者内联元素以及用于子元素的布局，例如流式布局、网格布局或弹性布局。display 属性的值和描述如表 2-7 所示。

表 2-7 display 属性的值和描述

值	描述
none	此元素不会被显示
block	此元素将显示为块级元素，元素前后会带有换行符
inline	此元素会被显示为内联元素，元素前后没有换行符
inline-block	行内块元素（CSS 2.1 新增的值）

2.2.11 超链接 a 的样式

定义链接样式的四个伪类，它们分别是：

a:link，定义正常链接的样式；

a:visited，定义已访问过链接的样式；

a:hover，定义鼠标悬浮在链接上时的样式；

a:active，定义鼠标单击链接时的样式。

任务实施

【步骤一】新建 HTML 文件

在网站中新建 about.html 文件，如图 2-8 所示。

图 2-8　新建文件

【步骤二】新建和引入 CSS 文件

在项目的 css 文件夹里新建 style.css 文件，PC 端的所有 CSS 样式，都写在这个文件里，如图 2-9 所示。

图 2-9　新建 style.css 文件

设置 about.html 的网页标题，引入 style.css 文件。

```
<head>
  <meta charset="utf-8">
  <title>关于岭南</title>
  <link rel="stylesheet" type="text/css" href="css/style.css"/>
</head>
```

【步骤三】编写 CSS 样式，去除元素自带边距

页面元素自带的边距会产生不需要的空隙，影响页面的整体效果，因而首先编写一个通用样式，去除页面元素自带的边距，CSS 样式如下：

```
/* 样式初始化 */
body,ol,ul,h1,h2,h3,h4,h5,h6,
p,th,td,dl,dd,form,fieldset,
legend,input,textarea,button,select {
    margin: 0;
    padding: 0;
    color:#333;
    outline: none;
}
```

【步骤四】版心盒子制作

在页面的 body 标签里新建一个类为 con 的 div。在 .con 里新建一个类为 main 的 div，.main 是版心盒子。

HTML 结构如下：

```
<body>
    <div class="con"><!-- 内容 -->
        <div class="main"><!-- 版心盒子 -->

        </div><!-- 版心盒子结束 -->
    </div><!-- 内容结束 -->
</body>
```

版心盒子为通用样式，后面的页面会经常用到。盒子宽度为 1190px，在页面左右居中。CSS 样式如下：

```
.main{
    width: 1190px;/* 版心定宽 */
    margin: 0 auto;/* 版心居中 */
}
```

> **小贴士**
>
> （1）类为 con 的 div 并没有设置样式，设置这一层是为了和头以及标题等机构保持一致，并且如果以后要给内容部分设置通屏的背景颜色，直接设置 .con 类的样式就可以。
>
> （2）网站里各个页面会重复使用的样式为网站通用样式，需要用这个样式时，给元素添加这个样式对应的类就可以。

【步骤五】当前位置部分制作

当前位置部分效果图如图 2-10 所示。

当前位置：首页 > 关于岭南

图 2-10　当前位置部分效果图

在 .main 里新建一个类为 pos 的 div，在 .pos 中输入当前页面在网站中的位置，首页外插入超链接 a 标签，链接到首页。HTML 结构如下：

```
<div class="main"><!-- 版心盒子 -->
  <div class="pos">当前位置: <a href="index.html">首页</a> > 关于岭南 </div>
</div><!-- 版心盒子结束 -->
```

设置 .pos 的行高和字体颜色，清除超链接的下划线，设置超链接的字体颜色，CSS 样式如下：

```
a{/* 设置默认颜色，清除默认下划线 */
  color: #343434;
  text-decoration: none;
}

.pos{
  color:#555;
  line-height: 60px;
}
.pos a{
  color:#555;/* 超链接颜色 */
}
```

> **小贴士**
>
> 超链接 a 清除下划线的样式后面经常会用到，这里写一个通用样式。

【步骤六】标题部分制作

在 .main 里，.pos 的下方插入一个 h3 标题标签，在标签里输入标题内容"关于岭南"，给该标签添加一个文字居中类 text-center。HTML 结构如下：

```
<div class="main"><!-- 版心盒子 -->
  <div class="pos">当前位置: <a href="index.html">首页</a> > 关于岭南 </div>
  <h3 class="text-center">关于岭南</h3>
</div><!-- 版心盒子结束 -->
```

text-center 类是一个通用类，设置的样式是文字左右居中对齐。也对 h3 标签设置一个通用样式，规定行高和字体大小。CSS 样式如下：

```
.text-center{
  text-align: center;/* 文字居中对齐 */
}
h3 {
  line-height: 80px;/* 行高 */
  font-size: 22px;/* 字体大小 */
}
```

> **小贴士**
>
> 文字左右居中对齐样式后面经常会用到，这里写一个通用样式。

【步骤七】正文部分制作

在 .main 里，h3 标签的下方插入一个类为 article 的 div 标签，在标签里插入三个 p 标签，为三段，第一个 p 标签里插入一张图片，第二个 p 标签和第三个 p 标签分别输入一段介绍文字。HTML 结构如下：

```html
<div class="main"><!-- 版心盒子 -->
    <div class="pos">当前位置：<a href="index.html">首页</a> > 关于岭南 </div>
    <h3 class="text-center">关于岭南</h3>
    <div class="article">
        <p>
            <img src="img/aboutImg.png"/>
        </p>
        <p>岭南，是我国南方五岭以南地区的概称，以五岭为界与内陆相隔。五岭由越城岭、都庞岭、萌渚岭、骑田岭、大庾岭五座山组成，大体分布在广西东部至广东东部和湖南、江西四省边界处。历史上大致包括广东（含海南、香港、澳门）、广西和云南省东部、福建省西南部的部分地区。岭南是一个历史概念，各朝代的行政建制不同，岭南建制的划分和称谓也有很大变化。现在提及岭南一词，特指广东、广西、海南、香港、澳门三省二区，亦即是当今华南区域范围。</p>
        <p>岭南，位于中国最南部，北回归线横穿岭南中部。岭南的南部与北部温差较大，冬天一般只有北部降雪，南部极少降雪。高温多雨为主要气候特征。岭南文化是由本根文化（即语言认同文化）、百越文化（即固有的本土文化）、中原文化（即南迁的北方文化）、海外文化（即舶来的域外文化）四部分组成，其内涵丰富多彩。近代相继出土大量的文物，实证了岭南在秦之前已经存在灿烂的新石器时代和青铜时代高度文明，是中华文明的发源地之一。</p>
    </div><!-- article结束 -->
</div><!-- 版心盒子结束 -->
```

article 盒子有外阴影，有上外边距和内边距；图片要左右居中对齐，因而要设置显示模式和对齐方式；介绍文字的段落要设置左右分散对齐、段落首行缩进、内边距、行高等样式。CSS 样式如下：

编写一个通用样式 img，设置边框、显示方式等。

```css
img {
  border: 0;
  display: block;/* 必须要设置,否则不能居中 */
  vertical-align: middle;/* 在父级元素垂直居中对齐 */
  width:100%;
  height: 100%;
  object-fit: cover;/* 多余部分被剪裁 */
}

.article{
  margin:40px 0;
  padding:30px 60px;
  box-shadow: 0 0 15px #eee;/* 盒子阴影 */
}
.article img{
  max-width: 600px;
  margin: 0 auto;
}
```

```
.article p {
    text-indent: 2em;/* 首行缩进2字符 */
    margin: 0;
    padding: 10px 0;
    text-align: justify;/* 两端对齐 */
    line-height: 34px;
}
```

任务拓展

请制作岭南文化网中"关于岭南"页的主体部分，页面效果如图 2-11 所示。

图 2-11　任务拓展效果图

知识点习题

1.（单选题）下列关于标签的说法不正确的是（　　）。

A. h 标签有 6 个等级分别是 <h1><h2> <h3> <h4> <h5> 和 <h6>

B. h1 到 h6 文字从小到大

C. p 标签一行只能放一个

D. p 是段落标签会给文字加上段落的语义

2.（单选题）在 HTML 中，CSS 样式中文本属性的说法错误的是（　　）。

A. font-weight 用于设置字体的粗细

B. font-family 用于设置文本的字体类型

C. color 用于设置文本的颜色

D. text-align 用于设置文本的字体形状

3.（多选题）box-shadow 不能缺省的参数值是（　　）。

A. 水平位置　　　　B. 垂直位置　　　　C. 模糊距离　　　　D. 颜色

4.（单选题）box-shadow 的内阴影样式值为（　　）。

A. outset　　　　B. out　　　　C. in　　　　D. inset

5.（单选题）每段文字都需要首行缩进两个字的距离，该设置（　　）属性。

A. text-decoration　　B. text-align　　C. text-indent　　D. text-transform

任务3　页脚制作

任务描述

制作网站页面的页脚，页脚在网页的最下方，包含版权信息。页脚位于页面最下方，通屏，背景色为网站主题色蓝色，文字位于页面正中，字体为白色，以更好地和底色相配，如图 3-1 所示。

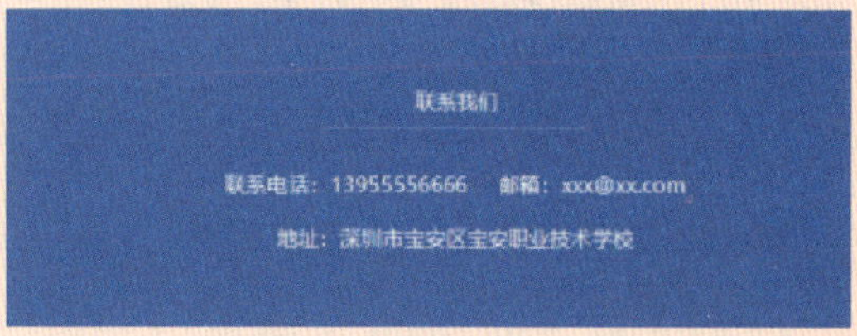

图 3-1　任务 3 效果图

任务目标

能在页面元素中灵活使用多个类的样式。能设置最小宽度、背景颜色和文字空白间距。能设置边框。

制作包含版权信息的页脚，提升知识产权保护意识。

相关知识

3.1 元素应用多个类的样式

在 HTML 中，我们使用 class 属性给元素添加类名。在 CSS 中，我们使用类选择器选择具有相应类名的元素，从而对其应用样式。但是在某些情况下，我们需要一个元素同时拥有多种样式。在这种情况下，HTML 允许我们为单个元素分配多个类名，这些类名用空格作为分隔。

将多个类分配给单个 HTML 元素并分别设置类的样式可以更有效地编写 CSS。使用这种方法，我们可以控制应用样式中的冗余。我们可以将通用样式应用于多个类，并将唯一样式应用于特定类。

例如，创建两个 p 标签，同时为其添加 common 类，另外为第二个段落添加特定类名 text。在这里，两个段落的背景颜色都将显示为橙色，文字大小均为 20px。这是因为我们已经为 common 类设置了背景颜色和文字大小，且两个段落都有一个 common 类。但是，第二个段落中的文字会有加粗效果，因为我们仅将此样式应用于 text 类。这种方法使我们能够为单个元素使用多个类，以将通用样式和个别样式应用于元素，以此提高编写 CSS 的效率。

示例代码：

```
<p class="common">
 Hello there!
</p>
<p class="common text">
 Welcome to ShenZhen.
</p>
.common {
background-color: orange;
font-size:20px
}
.text{
  font-weight:bolder;
}
```

运行结果如图 3-2 所示。

Hello there!

Welcome to ShenZhen.

图 3-2　多个类名设置样式

3.2 网页样式

3.2.1 最小宽度（min-width）

min-width 属性用于设置元素的最小宽度，当元素的宽度小于定义的最小值，则直接转换成最小值。取值方式可以是 CSS 允许的长度，如 30px；也可以是基于包含它的块级元素的百分比。

示例代码：

```
<div>
  <p>图片本身宽度为200px</p>
  <img src="./img/computer.jpg" />
</div>
<div>
  <p>设置图片最小宽度为300px后的效果</p>
  <img src="./img/computer.jpg" style="min-width: 300px;"/>
</div>
```

运行结果如图 3-3 所示。

图片本身宽度为200px　　设置图片最小宽度为300px后的效果

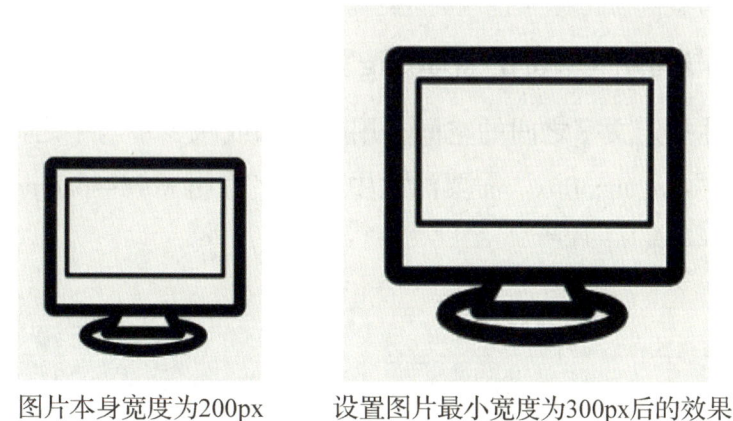

图 3-3　最小宽度设置效果

3.2.2 背景颜色

background-color 属性用于设置元素的背景颜色，颜色的取值有以下几种常用方法。

（1）颜色名。

CSS 颜色提供了 147 种颜色名，其中有 17 种标准颜色和 130 种其他颜色。17 种标准颜色包括 aqua（水绿色）、black（黑色）、blue（蓝色）、fuchsia（紫红）、gray（灰色）、green（绿色）、lime（柠檬绿）、maroon（褐红色）、navy（海军蓝）、olive（橄榄色）、orange（橙色）、purple（紫色）、red（红色）、silver（银色）、teal（青色）、white（白色）、yellow（黄色）。

（2）十六进制颜色。

通过一个以"#"开头的 6 位十六进制数值表示一种颜色。6 位数字分为 3 组，每组两位,依次表示红、绿、蓝三种颜色的强度,最大为 FF,最小为 00。例如,#FF0000 表示红色,等同于 red;#00FF00 表示绿色,等同于 green。

(3) rgb 函数。

RGB 颜色模式,颜色由表明红色,绿色,和蓝色各成分强度的三个数值表示,格式为 rgb(red, green, blue),取值范围是 0~255,也可以使用百分比 0%~100% 表示。当所有颜色值都为最小值时显示为黑色,当所有颜色值为最大值时显示为白色。例如,rgb(255,0,0) 表示红色,同 #FF0000、red,rgb(0,100%,0) 表示绿色,同 #00FF00、green。

示例代码:

```css
body{
  background-color:yellow;
}
h1{
  background-color:#00ff00;
}
p{
  background-color:rgb(255,0,255);
}
```

3.2.3　文字空白间距(word-spacing)

word-spacing 属性指定文字之间的空间,用来增加或减少字与字之间的空白,属性值的单位为像素,如 word-spacing:30px。需要注意中文文字使用 word-spacing 是没有效果的,中文文字可以使用 letter-spacing 属性。

示例代码:

```html
<p>This is some text. </p>
<p style=" word-spacing:30px;"> This is some special text. </p>
```

运行结果如图 3-4 所示。

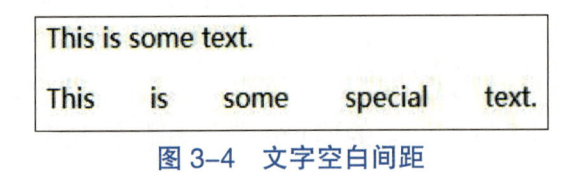

图 3-4　文字空白间距

3.2.4　边框

CSS 边框属性允许用户指定一个元素边框的宽度、样式和颜色,这 3 个方面决定了边框显示出来的外观。

(1) 边框的宽度。

通过 border-width 属性为边框指定宽度。可以使用 border-width 一次性定义 4 条边框的宽度,顺序为上右下左,其中可以利用值复制的规则简写,也可以通过 border-top-width、border-right-width、border-bottom-width、border-left-width 单独指定每条边框的宽度。

为边框指定宽度有两种方法：可以指定长度值，比如 2px 或 1em（单位为 px、pt、cm、em 等），或者使用 3 个关键字之一，它们分别是 thick（粗边框）、medium（默认值）和 thin（细边框）。

（2）边框的样式。

border-style 属性用于设定边框的样式，CSS 边框定义了诸如虚线、点线、双线等 9 种样式效果，详细如表 3-1 所示。

表 3-1　border-style 的值和描述

属性值	描述
none	默认无边框
dotted	定义一个点线边框
dashed	定义一个虚线边框
solid	定义实线边框
double	定义两个边框。两个边框的宽度和 border-width 的值相同
groove	定义 3D 沟槽边框。效果取决于边框的颜色值
ridge	定义 3D 脊边框。效果取决于边框的颜色值
inset	定义一个 3D 的嵌入边框。效果取决于边框的颜色值
outset	定义一个 3D 突出边框。效果取决于边框的颜色值

同样，border-style 属性可以一次性定义 4 条边框的样式，顺序为上右下左，可以利用值复制的规则简写，也可以通过 border-top-style、border-right-style、border-bottom-style、border-left-style 单独指定每条边框的样式。

（3）边框的颜色。

border-color 属性用于设置边框的颜色。该属性与前两个属性一样，可以使用 border-color 定义 4 条边框的颜色，顺序为上右下左，可以利用值复制的规则简写，也可以通过 border-top-color、border-right-color、border-bottom-color、border-left-color 单独指定每条边框的颜色。颜色取值前面已经介绍过，可以直接使用颜色名，也可以使用十六进制颜色值、rgb 函数值的方法。

（4）边框的复合用法。

border 属性集合了以上 3 个属性，可以仅用一条声明完成定义。语法格式如下：

```
border: border-width | border-style | border-color;
```

其中，这 3 个属性的顺序可以自由调换。

示例代码：

```
<p style="border: 1px solid #ccc;">在四边都有边框</p>
<p style="border-bottom: 1px dashed blue;">蓝色底部虚线边框</p>
<p style="border-left: 5px solid red;">左侧5像素宽的红色边框</p>
```

运行结果如图 3-5 所示。

在四边都有边框

蓝色底部虚线边框

左侧5像素宽的红色边框

图 3-5　边框样式

【步骤一】搭建 HTML 结构

在 about.html 的 body 里，内容 div .con 的下方，新建一个类为 footer 的 div，.footer 宽度为 100%，弹性盒子，高度 236px，背景色为蓝色。在 .footer 中新建 .main 版心盒子。在 .main 中插入 3 个 div，每个 div 内有一行文字。

HTML 结构如下：

```html
<body>
    <div class="con"><!-- 内容 -->
        <!-- 前面已写，这里省略 -->
    </div><!-- 内容结束 -->
    <div class="footer"><!-- 页脚 -->
        <div class="main text-center"><!-- 版心盒子，文字居中 -->
            <div class="footerTitle">联系我们</div>
            <div class="text-space"><!-- 设置字符空白间距 -->
                联系电话：13955556666  邮箱：xxx@xx.com
            </div>
            <div>地址：深圳市宝安区宝安职业技术学校</div>
        </div>
    </div><!-- 页脚结束 -->
</body>
```

【步骤二】编写 CSS 样式

CSS 样式如下（在 style.css 文件中添加）：

```css
.footer {
    margin-top: 20px;/* 上外边距 */
    width: 100%;/* 宽度 */
    min-width: 1190px;/* 最小宽度 */
    height: 236px;/* 高度 */
    background-color: #4B8ADA;
    color: #fff;/* 字体颜色 */
    line-height: 40px;
    display: flex;/* 弹性盒子 */
    align-items: center;/* 子元素在交叉轴上居中对齐 */
}
```

> **小贴士**
>
> 本次任务用到了弹性盒子的技能，弹性盒子的技能在任务 5 会仔细讲解。

任务拓展

请制作岭南文化网中"关于岭南"页的页脚部分,页面效果如图 3-6 所示。

图 3-6　任务拓展效果图

知识点习题

1.(单选题)将一个盒子的上边框定义为 1 像素、蓝色、单实线,下列代码正确的是(　　)。

A. border-top: 1px solid #00f; 　　B. border: 1px solid #00f;

C. border-top: 1px dashed #00f;　　D. border: 1px dashed #00f;

2.(多选题)下列属于边框属性样式的是(　　)。

A. solid　　　　　B. dashed　　　　　C. dotted　　　　　D. none

3.(多选题)background-color 属性用于定义文本的颜色,以下写法正确的是(　　)。

A. background-color: red;　　　　B. background-color:"red";

C. background-color:"#F60";　　　D. background-color: #FF6600;

4.(判断题)word-spacing 属性用于定义英文单词之间的间距,对中文字符无效。(　　)

5.(单选题)执行完以下代码后,关于 p 标签中的文字的样式下列说法正确的是(　　)。

```
<p class="text title">标题文字</p>

.text{
  font-size:30px;
}
.title{
  color:yellow;
}
```

A. 字体大小为 30 像素,颜色为默认　　B. 字体大小为默认,颜色为黄色

C. 字体大小为 30 像素,颜色为黄色　　D. 字体大小和颜色均为默认效果

6.(填空题)写出以下属性的英文单词。

上边框_____,下边框_____,左边框_____,右边框_____。

任务4　导航制作

任务描述

网站的导航不仅是用户浏览网站的重要指引，也是搜索引擎评估网站结构和内容的关键因素。本网站的导航在内容的上方，是和页面版权和头部的蓝色同色系的通屏的深蓝色，导航项目是白色字体，在背景中部，且均匀地横向分布。如图4-1所示。

图4-1　任务4效果图

任务目标

掌握网页列表标签的特点和用法。

使用列表标签和浮动样式，制作分类合理的导航。培养对网站整体的信息整理与分类能力。

相关知识

4.1　网页标签

4.1.1　无序列表标签 ul-li

无序列表是一个项目的列表，使用 \<ul\> 来定义列表，使用 \<li\> 来表示列表的每一项，无序列表之间的每一项内容没有顺序，在每一项内容前使用粗体圆点（·）来标记。

示例代码：

```
<!DOCTYPE html>
<html>
    <head>
        <meta charset="utf-8">
        <title>无序列表</title>
    </head>
```

```
<body>
    <ul>
        <li>列表项1</li>
        <li>列表项2</li>
        <li>列表项3</li>
    </ul>
</body>
</html>
```

运行结果如图 4-2 所示。

- 列表项1
- 列表项2
- 列表项3

图 4-2 无序列表

4.1.2 有序列表标签 ol-li

有序列表也是一个项目的列表，使用 <ol> 来定义列表，使用 <li> 来表示列表的每一项，有序列表之间的每一项内容有先后顺序之分，在每一项内容前使用数字来标记。

示例代码：

```
<!DOCTYPE html>
<html>
    <head>
        <meta charset="utf-8">
        <title>有序列表</title>
    </head>
    <body>
        <ol>
            <li>列表项1</li>
            <li>列表项2</li>
            <li>列表项3</li>
        </ol>
    </body>
</html>
```

运行结果如图 4-3 所示。

1. 列表项1
2. 列表项2
3. 列表项3

图 4-3 有序列表

4.2 网页样式

除了使用 HTML 中的一些属性来对列表进行简单的设置外，在 CSS 中也提供了几种专门用来设置和格式化列表的属性。

4.2.1 列表的样式

CSS 列表样式属性如表 4-1 所示。

表 4-1 CSS 列表样式相关的属性、描述和值

属性	描述	属性值
list-style-image	用图像设置列表项标记	URL/none/inherit
list-style-position	设置列表项标记的位置	inside/outside/inherit
list-style-type	设置列表项标记的类型	none/disc/circle 等
list-style	以上三个列表属性的简写	/

示例代码：

```html
<!DOCTYPE html>
<html>
  <head>
        <meta charset="utf-8">
        <title>列表样式</title>
  </head>
  <body>
        <ul style="list-style-type: circle;">
            <li>列表项1</li>
            <li>列表项2</li>
            <li>列表项3</li>
        </ul>
        <ul style="list-style-type: circle;list-style-position: outside;">
            <li>列表项1</li>
            <li>列表项2</li>
            <li>列表项3</li>
        </ul>
        <ul style="list-style-image: url(img/img.jpg);">
            <li>列表项1</li>
            <li>列表项2</li>
            <li>列表项3</li>
        </ul>
  </body>
</html>
```

运行结果如图 4-4 所示。

图 4-4 设置列表样式

4.2.2 浮动

(1)浮动。

浮动可以使一个元素脱离普通文档流,并在父元素的内容区中向左或向右移动,直到碰到父元素内容区的边界或者其他浮动元素为止。

float 属性的值和描述如表 4-2 所示。

表 4-2 float 属性的值和描述

值	描述
left	元素向左浮动
right	元素向右浮动
none	默认值,元素不浮动
inherit	从父元素继承 float 属性的值

示例代码:

```html
<!DOCTYPE html>
<html>
    <head>
        <meta charset="utf-8">
        <title>浮动</title>
        <style type="text/css">
            .box{
                width: 200px;
                height: 200px;
            }
            #a{
                width: 60px;
                height: 60px;
                background-color: blanchedalmond;
                float: left;
            }
        </style>
    </head>
    <body>
        <div class="box">
            <div id="a">盒子a浮动</div>在浮动元素之后定义的文本或者行内元素都将环绕在浮动元素的一侧,从而可以实现文字环绕的效果。
        </div>
    </body>
</html>
```

运行结果如图 4-5 所示。

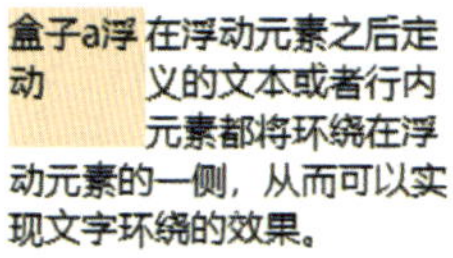

图 4-5 设置浮动

（2）清除浮动。

元素浮动之后，周围的元素会重新排列，为了消除这种影响可以使用 clear 属性来清除浮动。clear 属性指定元素两侧不能出现浮动元素。

clear 属性的值和描述如表 4-3 所示。

表 4-3　clear 属性的值和描述

值	描述
left	左侧不能出现浮动元素
right	右侧不能出现浮动元素
both	左右两侧不能出现浮动元素
none	默认值，左右两侧都允许出现浮动元素
inherit	从父元素继承 clear 属性的值

示例代码：

```html
<!DOCTYPE html>
<html>
    <head>
        <meta charset="utf-8">
        <title>浮动</title>
        <style type="text/css">
            .box-a{
                width: 60px;
                height: 180px;
                border: 1px solid black;
                float: left;
            }
            .box-b{
                width: 180px;
                height: 60px;
                border: 1px solid black;
                float: left;
            }
            .box-c{
                width: 120px;
                height: 120px;
                background-color: blanchedalmond;
                clear: both;
            }
        </style>
    </head>
    <body>
        <div class="box-a">盒子a左浮动</div>
        <div class="box-b">盒子b左浮动</div>
        <div class="box-c">盒子c</div>
    </body>
</html>
```

运行结果如图 4-6 所示。

图 4-6 清除浮动

任务实施

【步骤一】搭建 HTML 结构

在 about.html 的 body 里主体部分 div.con 的上方新建一个类为 nav 的 div，这个 div 高 80px，背景色为深蓝色。在 .header 里新建一个类为 main 的 div，.main 为版心。在 .main 里新建一个 ul，ul 里的每一个 li 为一个导航项，当前的导航项设置为 cur 类。

HTML 结构如下：

```html
<body>
    <div class="nav"> <!-- 通屏深蓝色背景 -->
        <div class="main"> <!-- 版心 -->
            <ul class="d-flex d-f-between"> <!-- 导航列表 -->
                <li class="cur"><a href="index.html">首页</a></li>
                <li><a href="about.html">关于岭南</a></li>
                <li><a href="hotSpot.html">热门景点</a></li>
                <li><a href="method.html">旅游攻略</a></li>
                <li><a href="serve.html">旅游服务</a></li>
                <li><a href="news.html">最新动态</a></li>
                <li><a href="contact.html">联系我们</a></li>
            </ul>
        </div> <!-- 版心结束 -->
    </div>

    <div class="con"><!-- 内容 -->
        <!-- 前面已写，这里省略 -->
    </div><!-- 内容结束 -->
</body>
```

> **小贴士**
>
> cur 类是给被选中的盒子定义的样式。

【步骤二】编写 CSS 样式

CSS 样式如下（在 style.css 文件中添加）：

编写一个通用样式 li，去掉项目编号。

```css
li{
  list-style:none; /* 去掉项目默认的小圆点 */
}
```

编写本页样式

```css
/* 导航 */
.nav{
  line-height: 80px;
  font-size: 18px;
  background-color: #345196;
}

.nav ul li{
  padding:0 20px;/* 上内边距 */
  float:left;/* 左浮动 */
  width: 120px;/* 宽度 */
}
.nav ul li a{
  color:#fff;
  outline: none;
}
.nav ul li.cur a{
  color:#fff;
  font-size: 20px;
  font-weight: 600;
}
.nav ul:after{/* 清除浮动 */
  content: "";
  display: block;
  clear:both;
}
```

任务拓展

利用浮动制作岭南文化网中的导航部分，页面效果如图 4-7 所示。

图 4-7　拓展任务效果图

知识点习题

1.（单选题）在 HTML 页面中可以创建无序列表和有序列表，下列哪项不是无序列表项前的符号表示方式（　　）。

　　A. 实心圆点　　　　B. 正方形　　　　C. 空心圆环　　　　D. 实心三角形

2.（单选题）以下选项中可以实现浮动的是（　　）。

　　A. float 属性　　　B. clear 属性　　　C. display 属性　　　D. list-style 属性

3.（多选题）下列关于浮动 float 的说法错误的是（　　）。

　　A. 浮动使元素脱离文档普通流，漂浮在普通流下

　　B. 可以通过 clear 来清除浮动

　　C. 浮动会产生块级框，而不管元素本身是什么

　　D. 不可以通过伪类清除浮动

4.（判断题）ol-li 列表默认情况下，每个 li 在浏览器中都会显示一个字母，代表自己的序号。（　　）

5.（判断题）浮动元素不会对页面中其他元素的排版产生影响。（　　）

任务5　头部制作

任务描述

网站的头部是用户对网站的第一印象，在网站中有重要的地位。网站头部中兼具展示和实用功能，一般会包含网站标题和 Logo，也会包含用户浏览和交互。本网站头部在页面的最上方，通屏，背景色是网站主题色蓝色，Logo、网站名称和搜索框位于背景中部。左侧是 Logo 和网站名称，起展示作用，右侧是搜索框和按钮，起交互作用。如图 5-1 所示。

图 5-1　任务 5 效果图

任务目标

掌握 span、表单元素和控件的属性和特点。掌握 CSS 根颜色技术和弹性盒子技术。

能正确使用表单和表单控件制作头部，并使用弹性盒子技术进行美化。

通过弹性盒子精细对齐页面元素，培养精益求精的职业精神。

相关知识

5.1 网页标签

5.1.1 span 元素

span 标签为无语义行内元素，同时满足两个条件才可以使用：行内元素（inline）、无语义。行内元素无法定义宽度、高度、内外边距。

使用方法：

\<span\> 你好 \</span\>，可以对段落里面的文字进行样式设置。

5.1.2 表单

1. 表单元素 \<form\>

主要用于生成输入表单。将所有表单元素放入 \<form\> 元素之内，用户输入的信息可提交到服务器上。

示例代码：

```
<form action="" method="">

</form>
```

2. 表单控件 \<input\>

常用的表单控件元素都可以通过设定 \<input\> 的 type 属性值来获取。常见的 type 属性的值、类型和功能如表 5-1 所示。

表 5-1 常见的 type 属性的值、类型和功能

type 的属性值	类型	功能
\<input type="text"/\>	单行文本输入框	可以输入一行文本，可通过 size 和 maxlength 定义宽度和最大字符数
\<input type="password"/\>	密码输入框	可以输入一行文本，但是字符以原点显示
\<input type="radio"/\>	单选框	相同 name 属性可实现单选按钮只选一个，默认选中状态 checked="checked"

续表

type 的属性值	类型	功能
<input type="checkbox"/>	复选框	可以多项选择，默认选中 checked="checked"
<input type="button"/>	按钮	定义按钮，功能需要编写代码实现
<input type="submit"/>	提交按钮	单击后将符合条件的表单数据发送到服务器
<input type="reset"/>	重置按钮	单击后清除所有表单数据
<input type="color"/>	颜色选择器	形成一个颜色选择器，value="#000000" 为指定颜色的值
<input type="date"/>	日期选择器	生成一个日期选择器，包含年份、月份和日期。不包含时间
<input type="email"/>	E-mail 输入框	可以自动验证输入值是否为合法的 E-mail 地址。不符合会提示用户
<input type="search"/>	输入搜索关键字文本框	目前和单行文本框没有较大差别，在移动浏览器上有区别。
<input type="url"/>	URL 输入框	可以自动验证输入值是否符合 URL 格式。不符合会提示用户
<input type="number"/>	数字输入框	只能输入数字，浏览器为这个输入框提供步进箭头，还可以使用 mix 和 max 指定该输入框输入的最大值和最小值，还可以使用 step 修改步长

5.2 网页样式

5.2.1 文本框和按钮的 outline

outline 是绘制于元素周围的一条线，俗称轮廓，位于边框边缘的外围，可起到突出元素的作用。对于文本框，当光标放进去，边框外就会出现一个轮廓线。和边框样式类似的写法，比如，outline：1px solid green。取消轮廓线：outline：none。

示例代码：

```
input[type="text"]{
    width: 300px;
    height: 35px;
    outline: 1px solid green;
}
```

运行效果如图 5-2 所示。

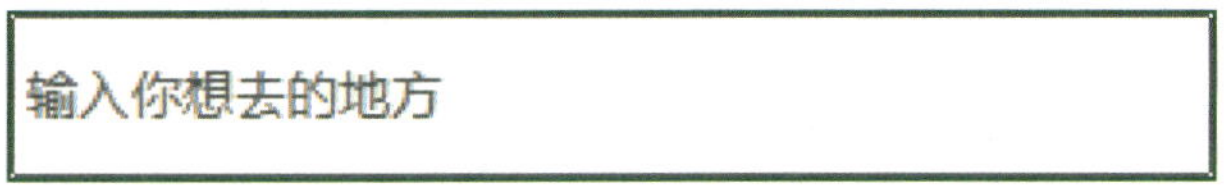

图 5-2 设置外轮廓

5.2.2　CSS 根颜色技术

在设计网页时，有时出现需要更改全部页面颜色的情况，如果逐个更改 CSS 会特别麻烦。针对这种情况，CSS 提供了一种新功能，只需要修改一处，其他地方颜色全部都会变化。方法的实现方式是在 root 根选择器里，定义一个变量，如 --bgcolor1，注意需要在变量名前面加上 --，给这个变量一个颜色值，在后面的 CSS 里就可以直接通过变量名使用这个颜色值了。

示例代码：

```
:root{
  --bgcolor1:red;
}
div{
  width: 200px;
  height: 200px;
  background-color: var(--bgcolor1);
}
```

则页面 div 的背景色就会设置为红色。

5.2.3　弹性盒子

弹性盒子（flex）是 CSS3 中的一种新的布局模式，可以简便、完整、响应式地实现各种页面布局，当页面需要适应不同的屏幕大小以及设备类型时非常适用，也称为弹性布局。

弹性盒子常用属性如表 5-2 所示。

表 5-2　弹性盒子常用属性

属性	描述
display	指定 HTML 元素盒子类型
flex-direction	指定弹性盒子中子元素的排列方式
flex-wrap	设置当弹性盒子的子元素超出父容器时是否换行
flex-flow	以上两个列表属性的简写
justify-content	设置弹性盒子中元素在主轴（横轴）方向上的对齐方式
align-items	设置弹性盒子中元素在侧轴（纵轴）方向上的对齐方式
align-content	修改 flex-wrap 属性的行为，设置行对齐
order	设置弹性盒子中子元素的排列顺序
align-self	在弹性盒子的子元素上使用，覆盖容器的 align-items 属性
flex	设置弹性盒子中子元素如何分配空间

1. display

display 属性用来指定 HTML 元素盒子类型，属性值有两个可选：flex，将对象作为弹性伸缩盒显示，父元素的尺寸不由子元素尺寸动态调整，不设置时默认是 100%；inline-flex，将对象作为内联块级弹性伸缩盒显示，父元素尺寸跟随子元素们的尺寸动态调整。

2. flex-direction

flex-direction 属性指定弹性盒子中子元素的排列方式，属性如表 5-3 所示。

表 5-3　flex-direction 属性的值和描述

值	描述
row	默认值，主轴沿水平方向从左到右
row-reverse	主轴沿水平方向从右到左
column	主轴沿垂直方向从上到下
column-reverse	主轴沿垂直方向从下到上
initial	将此属性设置为属性的默认值
inherit	从父元素继承此属性的值

3. flex-wrap

flex-wrap 属性用来设置当弹性盒子的子元素超出父容器时是否换行，属性如表 5-4 所示。

表 5-4　flex-wrap 属性的值和描述

值	描述
nowrap	默认值，表示项目不会换行
wrap	表示项目会在需要时换行
wrap-reverse	表示项目会在需要时以相反的顺序换行
initial	将此属性设置为属性的默认值
inherit	从父元素继承此属性的值

4. flex-flow

flex-flow 属性是 flex-direction 和 flex-wrap 两个属性的简写，语法格式如下：

flex-flow: flex-direction flex-wrap;

5. justify-content

justify-content 属性用来设置弹性盒子中元素在主轴方向上的对齐方式，属性如表 5-5 所示。

表 5-5　justify-content 属性的值和描述

值	描述
flex-start	默认值，向左（上）对齐
center	居中
flex-end	向右（下）对齐
space-between	两端对齐，项目之间的间隔是相等的
space-around	每个项目两侧的间隔相等
initial	将此属性设置为属性的默认值
inherit	从父元素继承此属性的值

6. align-items

align-items 属性用来设置弹性盒子中元素在侧轴（纵轴）方向上的对齐方式，属性如表 5-6 所示。

表 5-6　justify-content 属性的值和描述

值	描述
stretch	默认值，项目将被拉伸以适合容器
flex-start	项目位于容器的顶部
center	项目位于容器的中间
flex-end	项目位于容器的底部
baseline	项目与容器的基线对齐
initial	将此属性设置为属性的默认值
inherit	从父元素继承此属性的值

7. align-content

align-content 属性用来设置在弹性盒子的侧轴还有多余空间时调整容器内多行项目的对齐方式，属性如表 5-7 所示。

表 5-7　align-content 属性的值和描述

值	描述
stretch	默认值，多行项目将被拉伸占据剩余空间
flex-start	多行项目位于容器的顶部
center	多行项目位于容器的中间
flex-end	多行项目位于容器的底部

续表

值	描述
space-between	多行项目均匀分布在容器中，其中第一行分布在容器的顶部，最后一行分布在容器的底部
space-around	多行项目均匀分布在容器中，并且每行的间距都相等
initial	将此属性设置为属性的默认值
inherit	从父元素继承此属性的值

8. order

order 属性用来设置弹性盒子中子元素的排列顺序，用数值来表示，数值小的排在前面。

9. align-self

align-self 属性允许为某个项目设置不同于其他项目的对齐方式，该属性可以覆盖 align-items 属性的值。属性可选值比 align-items 属性多一个 auto，表示元素将继承其父容器的 align-items 属性值，如果没有父容器，则为 stretch。

10. flex

flex 属性用来设置弹性盒子中子元素如何分配空间，是 flex-grow、flex-shrink 和 flex-basis 三个属性的简写，语法格式如下：

flex: flex-grow flex-shrink flex-basis;

其中，flex-grow 是必填参数，用来设置项目相对于其他项目的增长量，flex-shrink 和 flex-basis 是选填参数，flex-shrink 用来设置项目相对于其他项目的收缩量，flex-basis 用来设置项目的长度。

任务实施

【步骤一】搭建 HTML 结构

在 about.html 的 body 里，内容 div .con 的上方新建一个类为 header 的 div，.header 宽度为 100%，弹性盒子，高度 126px，背景色为蓝色。在 .header 中新建一个类为 main 的 div，.main 为版心。在 .main 中插入 2 个 div，第一个 div 类为 logo，弹性盒子，垂直居中对齐，第二个 div 的类为 search，弹性盒子，垂直居中对齐。.logo 中包含 1 张图片和 1 个标题。.search 中包含搜索的文字、搜索框和按钮。

HTML 结构如下：

```
<body>
    <div class="header d-flex d-f-col-center"> <!-- 最外层通屏蓝色背景 -->
        <div class="main d-flex d-f-between d-f-col-center"> <!-- 版心，弹性盒子 -->
```

```html
            <div class="logo d-flex d-f-col-center"> <!-- logo div -->
                <img src="img/logo1.jpg" />
                <h1 class="text-color">岭南旅游网</h1>
            </div>
            <div class="search d-flex d-f-col-center"> <!-- 搜索div, 弹性盒子 -->
                <span class="text-color">地名/景点：</span>
                <input type="text" placeholder="输入您想去的地方" />
                <button>搜索</button>
            </div>
        </div>
    </div>
    <div class="nav"> <!-- 导航，通屏深蓝色背景 -->
        <!-- 前面已写，这里省略 -->
    </div>
    <!-- 前面已写，这里省略 -->
</body>
```

> **小贴士**
>
> Logo 和标题比较贴紧，它们要放在一个 div 里；搜索的文字和文本框也是一个整体，放在另一个 div 里，这样布局起来更清晰方便。

【步骤二】编写 CSS 样式

CSS 样式如下（在 style.css 文件中添加）：

1. 编写通用样式

网页布局中经常要用到弹性盒子布局，我们把弹性盒子的相关样式先写好，有元素需要使用弹性盒子的样式时，就可以直接使用这些类。

```css
.d-flex{
  display: flex;/* 弹性盒子 */
}
.d-f-center{
  justify-content: center;/* 弹性盒子主轴方向上居中对齐 */
}
.d-f-between{
  justify-content: space-between;/* 弹性盒子主轴方向上分散对齐 */
}
.d-f-col-center{
  align-items: center;/* 弹性盒子子盒子在交叉轴方向上居中对齐 */
}
.d-f-wrap{
  flex-wrap: wrap;/* 弹性盒子中的子盒子溢出时换行 */
}
.d-f-col-between{
  align-content: space-between;/* 弹性盒子交叉轴方向上分散对齐 */
}
```

可以将常用的颜色用一个变量存起来，用这个颜色时，调用变量即可，需要更改时，只需要改一次变量值，就可以全部更改。

CSS 样式如下：

```css
:root{
  --bgColor:#4B8ADA;
}
```

2. 编写本页 CSS 样式

```css
/* 头部样式 */
.header{
  height: 126px;
  width: 100%;
  min-width: 1190px;
  background-color: var(--bgColor);/* 引用:root中设置的--bgColor颜色，是css新功能 */
}
.header .logo1 img{ /* 通用img已经设置了一部分样式 */
  width: 84px;
}
.header .logo1 h1{
  margin-left: 30px;
  font-weight: normal;
  flex:1; /* 占据父元素中剩下的全部宽度*/
  font-size: 28px;
}
.header .search span{
  font-size: 18px;
}
.header .search input{
  border:none;
  width: 480px;
  font-size: 16px;
  padding:0 10px;
  height: 40px;
  outline: none;
}
.header .search button{
  background-color: #fff;
  color:#4A88DB;
  border:none;
  margin-left: 25px;
  height: 40px;
  width: 100px;
  font-size: 16px;
}
.text-color{
  color:#fff
}
```

> **小贴士**
>
> （1）d-flex、d-f-between、d-f-col-center 等都是弹性盒子样式，这些样式会在 5.3.2 中定义，并定义成通用样式，需要使用弹性盒子布局的元素，直接使用这些类就可以。
> （2）使用弹性盒子布局，子盒子会自动填充父盒子的宽度或者高度，非常方便。
> （3）文本框和旁边的文字，不用弹性盒子很不容易对齐，使用弹性盒子则非常容易对齐。
> （4）设置 flex:1 的作用是这部分占据父元素剩余的全部宽度，这样可以保证标题部分的距离。

任务拓展

利用弹性盒子制作岭南文化网中的纵向导航部分，效果如图 5-3 所示。

图 5-3 任务拓展效果图

知识点习题

1.（单选题）用来描述 input 标签的值的属性是（　　）。
　　A. value　　　　　B. type　　　　　C. disabled　　　　　D. id

2.（单选题）在表单中，实现输入的数字只显示小圆点的 type 类型是（　　）。
　　A. text　　　　　B. password　　　　　C. radio　　　　　D. checkbox

3.（多选题）以下关于 span 元素描述正确的是（　　）。

A. 块级元素 B. 行内元素

C. 行内块元素 D. 无语义化元素

4.（多选题）以下是行内块级元素的是（　　）。

A. div B. img C. input D. p

5.（多选题）在 form 标签中，属性 method 的值有（　　）。

A. request B. get C. post D. 以上都正确

6.（判断题）border:1px solid #F00; 和 border: solid #F00 1px; 实现的效果是一样的。

（　　）

7.（单选题）设置弹性盒子中元素在主轴方向上的对齐方式的是（　　）。

A. flex-wrap B. justify-content

C. align-content D. flex-direction

8.（单选题）对于 flex-wrap 样式，下面描述错误的是（　　）。

A. 在弹性盒子中，默认子元素不换行，即使是容器宽度不够时，子元素也不换行，只是宽度缩小

B. 弹性布局中的子元素能自动伸缩

C. 如果在父容器宽度足够时，也可以通过 flex-wrap:wrap; 设置来换行

D. 如果在父容器宽度不够时想要自动换行，那么设置：flex-wrap:wrap

9. 下面关于弹性盒子内子元素描述正确的是（　　）。

A. 当弹性盒子宽度小于子元素整体宽度时，子元素宽度将自动收缩

B. 当弹性盒子宽度小于子元素整体宽度时，子元素将自动换行

C. 当弹性盒子宽度小于子元素整体宽度时，子元素的超出部分将被截取

D. 当弹性盒子宽度小于子元素整体宽度时，子元素将超出到弹性盒子的外部

任务6　复杂详情页制作

任务描述

制作复杂详情页，如图6-1所示。其中头部、导航和页脚已在前面制作，本任务制作页面的主体部分。主体部分包括标题、景点标签、图片、介绍文字、游玩建议、地图和评论等各部分。此页面包含内容比较多，各部分要合理布局美观，方便用户看到丰富且有用的信息。任务6效果图（部分）如图6-1所示。

图6-1　任务6效果图（部分）

项目一　PC 端页面制作——以岭南旅游网为例　49

> **任务目标**
>
> 　　掌握圆角边框、溢出隐藏和 after 伪元素的知识。掌握在页面中插入地图的方法。培养信息整合的能力。

相关知识

6.1　在页面中使用地图

（1）通过百度搜索"百度地图开放平台"或直接输入网址"https://lbsyun.baidu.com/"，如图 6-2 所示。

图 6-2　搜索百度地图开放平台

（2）进入"百度地图开放平台"，如图 6-3 所示。

图 6-3　进入百度地图开放平台

（3）在"百度地图开放平台"注册账号，如图 6-4 所示。

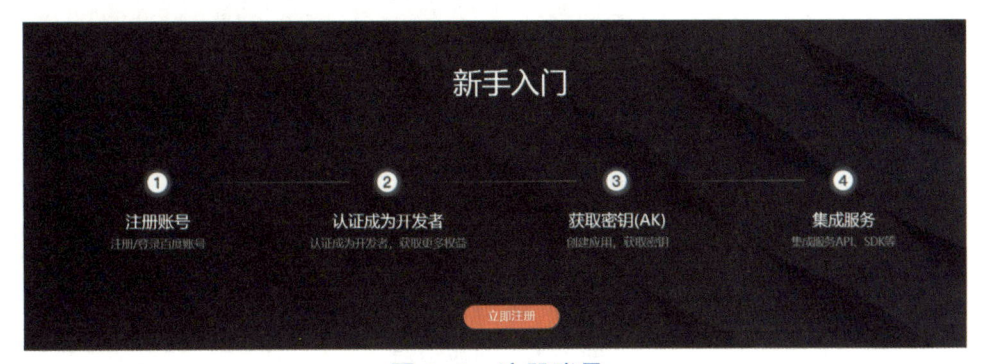

图 6-4　注册账号

（4）进入注册页面，完成注册，如图6-5所示。

（5）注册成功后，登录百度地图，如图6-6所示。

（6）单击"控制台"，进入"应用管理"，如图6-7所示。

图6-5　完成注册　　　　图6-6　登录百度地图　　　　图6-7　进入"应用管理"

（7）单击"应用管理"中的"我的应用"，如图6-8所示。

图6-8　进入"我的应用"

（8）创建应用，如图6-9所示。

根据实际需求，选择应用类型，在浏览器端显示地图，那么选择"浏览器端"，小程序和App一般选择"微信小程序"。

图6-9　创建应用

（9）设置白名单，如图 6-10 所示。

图 6-10　设置白名单

白名单一般填写星号，即"*"，星号表示所有网站都可进行调用密匙。

（10）单击"提交"按钮，显示刚刚创建好的"我的应用"信息，如图 6-11 所示。

图 6-11　提交信息

（11）单击"AK"后面的复制按钮，复制密匙，如图 6-12 所示。

图 6-12　复制密匙

（12）网页中引入地图。

将上一步复制的秘匙，粘贴到 ak 后面，引入地图代码如下：

```
<script type="text/javascript" src="https://api.map.baidu.com/api?v=1.0&type=webgl&ak=Bt6YtlAOAT0EmOHH1PVTOMaYehy2Znw9"></script>
```

（13）创建地图显示的容器，代码如下：

```
<div class="map" id="container"></div>
```

（14）js 中初始化地图，代码如下：

```
var map = new BMapGL.Map("container");              // 创建地图实例
var point = new BMapGL.Point(经度值,纬度值);         // 创建点坐标
map.centerAndZoom(point, 16);                        // 初始化地图,设置中心点坐标和地图
                                                     //   级别
map.enableScrollWheelZoom(true);                     // 设置鼠标缩放
var marker = new BMapGL.Marker(point);               // 创建标注
map.addOverlay(marker);                              // 将标注添加到地图中
```

（15）打开网站，可以看到百度地图已经插入到网页中了。

6.2 网页样式

6.2.1 圆角边框

CSS3 提供了 border-radius 属性，能方便地设置元素边框的圆角效果。border-radius 的单位可以是 px，rem，em 和百分比。border-radius 有四个派生子属性，如表 6-1 所示。

表 6-1　border-radius 的四个派生子属性和描述

属性	描述
border-radius	四个边角值
border-top-left-radius	左上角圆弧值
border-top-right-radius	右上角圆弧值
border-bottom-right-radius	右下角圆弧值
border-bottom-left-radius	左下角圆弧值

设置元素边框的圆角效果有两种方式，一种是使用 border-radius 的派生子属性进行设置，另一种是在 border-radius 中用空格隔开多个值来设置，我们详细介绍后一种设置方法。

（1）设置一个值。

border-radius 设置四个一样的圆角这是最常见的情况，只用在 border-radius 写入一个值就可以实现某一个元素四个一样的圆角效果。

示例代码：

```
div.show{
  border:2px solid red;
  width:200px;
  height:100px;
  border-radius:20px;}
```

运行结果如图 6-13 所示。

图 6-13　圆角样式设置一个值

（2）设置两个值，中间用空格分开。

示例代码：

```
div.show{
border:2px solid red;
width:200px;
```

```
height:100px;
border-radius:20px 40px;}
```

20px 代表左上、右下角圆弧值，40px 代表右上、左下角圆弧值。

运行结果如图 6-14 所示。

图 6-14　圆角样式设置两个值

（3）设置三个值，中间用空格分开。

示例代码：

```
div.show{
border:2px solid red;
width:200px;
height:100px;
border-radius:10px 20px 40px;}
```

10px 代表左上角圆弧值，20px 代表右上、左下角圆弧值，40px 代表右下角圆弧值。

运行结果如图 6-15 所示。

图 6-15　圆角样式设置三个值

（4）设置四个值，中间用空格分开。

示例代码：

```
div.show{
border:2px solid red;
width:200px;
height:100px;
border-radius:30px 10px 50px 80px;}
```

30px、10px、50px、80px 分别代表左上、右上、右下、左下四个角的圆弧值。

运行结果如图 6-16 所示。

图 6-16　圆角样式设置四个值

6.2.2 元素溢出设置

overflow 相关属性用于控制内容溢出元素框时显示的方式，用于指定宽高的块级元素上。其中，overflow 用于同时设置左右边缘和上下边缘，overflow-x 用于设置左右边缘，overflow-y 用于设置上下边缘，如表 6-2 所示。

表 6-2　overflow 相关属性

属性	描述
overflow	设置内容溢出元素框的显示方式
overflow-x	设置内容溢出时左/右边缘的显示方式
overflow-y	设置内容溢出时上/下边缘的显示方式

> **小贴士**
>
> 要设置左右边缘的显示方式，就要设置元素的宽度；要设置上下边缘的显示方式，就要设置元素的高度。

overflow 属性支持 4 个属性，可设置当内容溢出元素框时的 4 种处理方式，如表 6-3 所示。

表 6-3　overflow 的属性和描述

属性	描述
visible	默认值。内容不会被修剪，会呈现在元素框之外
hidden	内容会被修剪，以适合填充框，其余内容不可见
scroll	内容会被修剪，但是浏览器会显示滚动条以便查看其余的内容
auto	如果内容被修剪，则浏览器会显示滚动条以便查看其余的内容
inherit	规定应该从父元素继承 overflow 属性的值

例如，有如下 HTML 结构的盒子：

<div class ="box"> 漓江景区阳朔段北起杨堤，南至普益，全境 69 公里水域，约 200 平方公里，其中杨堤 - 兴坪段是漓江山水精华段的核心部分，曾被《世界地理》杂志评为世界上最美的岩溶山川，素有"桂林山水甲天下，阳朔山水甲桂林，阳朔美景在兴坪"的美称，20 元人民币的背面就是漓江山水的荟萃——兴坪佳境。</div>

给它设置如下 CSS 样式：

```
.box{
        width: 200px;  //设置宽度
        border: 1px solid #ccc;
        white-space: nowrap;
        overflow-x: scroll;  //设置溢出内容水平方向滚动条显示
}
```

这个盒子就会出现横向滚动条，如图6-17所示。

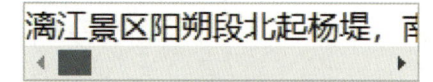

图6-17 设置溢出内容滚动条

再例如，下面为设置溢出隐藏的示例代码：

```
<div class="notice">明月几时有，把酒问青天。不知天上宫阙，今夕是何年？我欲乘风归去，又恐琼楼玉宇，高处不胜寒。起舞弄清影，何似在人间。转朱阁，低绮户，照无眠。不应有恨，何事长向别时圆？人有悲欢离合，月有阴晴圆缺，此事古难全。但愿人长久，千里共婵娟。</div>

div.notice {
  width: 200px;
  height: 150px;
  margin: 100px auto;
  border: 1px solid #ccc;
  overflow: hidden;
}
```

运行结果图6-18所示。

6.2.3 after 伪元素

伪元素可以在不创建新元素标签的情况下，来新增内容，其创建的元素在HTML结构中看不到，所以称为伪元素。伪元素要用冒号来表示。after是常见的伪元素之一，表示在指定元素之后添加新内容。需要说明的是：

图6-18 设置溢出隐藏

after必须有content属性。使用content属性来指定要插入的内容。

after创建的是一个行内元素。如果需要设置宽高等属性，需要转换为行内块或块元素。

示例代码：

```
<div>我是元素内容</div>

div::after{
  content:'我是after';
  background-color: aqua;
}
```

运行结果如图6-19所示。

图6-19 使用伪元素添加内容

我们可以使用伪元素after在指定元素后面添加一个空元素，清除浮动。

示例代码：

```
.d-float-clear::after{
  content:"";
```

```
display:block;
clear:both;
}
```

【步骤一】新建 HTML 文件，引入 CSS 文件

在网站中新建 spotDetail.html 文件，如图 6-20 所示。

图 6-20 新建文件

设置 spotDetail.html 的网页标题，引入 style.css 文件。

```
<title>岭南旅游网--热门景点详情</title>
<link rel="stylesheet" href="css/style.css">
```

【步骤二】版心盒子制作

在页面的 body 标签里新建一个类为 con 的 div。在 .con 里新建一个类为 main 的 div，.main 是版心盒子。

HTML 结构如下：

```
<div class="con"><!-- 内容 -->
  <div class="main"><!-- 版心盒子 -->

  </div><!-- 版心盒子结束 -->
</div><!-- 内容结束 -->
```

相关样式已在任务 2 步骤四中设置。

> **小贴士**
>
> 版心盒子的制作过程和前面页面是一样的。

【步骤三】当前位置部分制作

当前位置效果图如图 6-21 所示。

当前位置：首页 > 热门景点 > 详情

图 6-21　当前位置效果图

当前位置部分的制作过程同任务 2 步骤五。

HTML 结构如下：

```html
<div class="main"><!-- 版心盒子 -->
  <div class="pos">当前位置：
        <a href="index.html">首页</a> > <a href="hotSpot.html">热门景点</a> > 详情
  </div>
</div><!-- 版心盒子结束 -->
```

.pos 等的 CSS 样式已在任务 2 步骤五设置。

【步骤四】标题部分制作

标题部分效果图如图 6-22 所示。

漓江

图 6-22　标题部分效果图

在 .main 里，.pos 的下方插入一个类为 titleName 的 div 标签，在标签里输入标题内容"漓江"，给该标签添加一个类 titleName。HTML 结构如下：

```html
<div class="main"><!-- 版心盒子 -->
  <div class="pos">当前位置：
        <!-- 前面已写，这里省略 -->
  </div>
  <div class="titleName">漓江</div>
</div><!-- 版心盒子结束 -->
```

CSS 样式如下：

```css
.titleName{
    line-height: 70px;
    color:#4C89DA;
    font-size: 22px;
    font-weight: 600;
}
```

【步骤五】tag 部分制作

tag 部分效果图如图 6-23 所示。

5A　　竹排　　热气球　　动力滑翔伞

图 6-23　tag 部分效果图

在 .main 里，.titleName 的下方插入一个类为 tags 的 div 标签，在标签里插入三个超链接，每个链接里写一个 tag 内容。HTML 结构如下：

```html
<div class="main"><!-- 版心盒子 -->
  <!-- 前面已写，这里省略 -->
  <div class="titleName">漓江</div>
  <div class="tags"><!-- 标签 -->
      <a>5A</a>
      <a>竹排</a>
      <a>热气球</a>
      <a>动力滑翔伞</a>
  </div>
</div><!-- 版心盒子结束 -->
```

设置 .tags 的下外边距，为了让 tag 在一行排列，要设置 .tags 中的超链接为行内块，设置 .tags 为圆角边框，并设置背景色、字体颜色和宽高等。

CSS 样式如下：

```css
.tags{
  margin-bottom: 30px;
}
.tags a{
  display: inline-block;/* 行内块 */
  margin-right: 15px;
  background-color: #FFA149;
  color:#fff;
  font-size: 12px;
  height: 30px;
  line-height: 30px;
  border-radius: 15px;/* 圆角边框 */
  width: 80px;
  text-align: center;
}
```

【步骤六】图片部分制作

图片部分效果图如图 6-24 所示。

图 6-24　图片部分效果图

图片部分是用 ul-li 完成的，"查看所有图片"的文字是绝对定位，浮在图片上方。

在 .main 里，.tags 的下方插入一个类为 images 的 div 标签，在 .images div 标签里插入一个 ul 标签，ul 为弹性布局，两端分散对齐。ul 标签里插入三个 li 标签，每个 li 标签里插入一张图片。在 ul 标签下面插入一个 span 标签，在 span 标签里输入文字"查看所有图片"。

HTML 结构如下：

```
<div class="main"><!-- 版心盒子 -->
  <!-- 前面已写，这里省略 -->
  <div class="tags">
       <!-- 前面已写，这里省略 -->
  </div>
  <div class="images"><!-- 图片 -->
       <!-- 图片 -->
       <ul class="d-flex d-f-between"> <!-- 弹性盒子，两端分散对齐 -->
            <li><img src="img/img8.jpg"></li>
            <li><img src="img/img17.jpg"></li>
            <li><img src="img/img40.jpg"></li>
       </ul>
       <span>查看所有图片</span>
  </div>
</div><!-- 版心盒子结束 -->
```

CSS 样式如下：

```
.images{
  overflow: hidden;
  margin-bottom: 30px;
  position: relative;/* 绝对定位父级元素 */
}
.images span{
  position: absolute;/* 绝对定位子元素 */
  right:10px;
  bottom:20px;
  padding:5px 15px;
  background-color: rgba(0,0,0,0.4);
  color:#fff;
  cursor: pointer;
}
.images span:hover{
  background-color: rgba(0,0,0,0.6);
}
.images ul{
  width: 100%;
}
.images ul li{
  width: 378px;
  height: 270px;
  overflow: hidden;
}
```

小贴士

（1）弹性盒子 d-flex 和 d-f-between 的样式已在 5.3.2 设置。

（2）图片已设置 img 通用样式。

【步骤七】正文部分制作

正文部分效果图如图 6-25 所示。

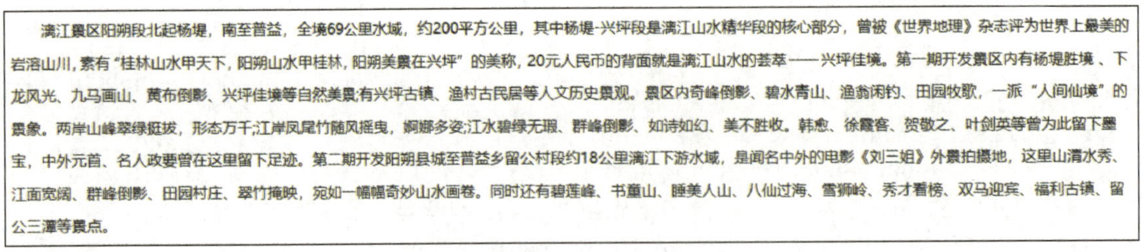

> 漓江景区阳朔段北起杨堤，南至普益，全境69公里水域，约200平方公里，其中杨堤-兴坪段是漓江山水精华段的核心部分，曾被《世界地理》杂志评为世界上最美的岩溶山川，素有"桂林山水甲天下，阳朔山水甲桂林，阳朔美景在兴坪"的美称，20元人民币的背面就是漓江山水的荟萃——兴坪佳境。第一期开发景区内有杨堤胜境、下龙风光、九马画山、黄布倒影、兴坪佳境等自然美景;有兴坪古镇、渔村古民居等人文历史景观。景区内奇峰倒影、碧水青山、渔翁闲钓、田园牧歌，一派"人间仙境"的景象。两岸山峰翠绿挺拔，形态万千;江岸凤尾竹随风摇曳，婀娜多姿;江水碧绿无瑕、群峰倒影、如诗如幻、美不胜收。韩愈、徐霞客、贺敬之、叶剑英等曾为此留下墨宝，中外元首、名人政要曾在这里留下足迹。第二期开发阳朔县城至普益乡留公村段约18公里漓江下游水域，是闻名中外的电影《刘三姐》外景拍摄地，这里山清水秀、江面宽阔、群峰倒影、田园村庄、翠竹掩映，宛如一幅幅奇妙山水画卷。同时还有碧莲峰、书童山、睡美人山、八仙过海、雪狮岭、秀才看榜、双马迎宾、福利古镇、留公三潭等景点。

图 6-25　正文部分效果图

在 .main 里，.images 的下方插入一个类为 spotInfo 的 div 标签，在 .spotInfo div 标签里插入一个 p 标签，在 p 标签里输入景点介绍的文字。

HTML 结构如下

```html
<div class="main"><!-- 版心盒子 -->
  <!-- 前面已写，这里省略 -->
  <div class="images">
        <!-- 前面已写，这里省略 -->
  </div>
  <div class="spotInfo"><!-- 正文 -->
        <p>    漓江景区阳朔段北起杨堤，南至普益，全境69公里水域，约200平方公里，其中杨堤-兴坪段是漓江山水精华段的核心部分，曾被《世界地理》杂志评为世界上最美的岩溶山川，素有"桂林山水甲天下，阳朔山水甲桂林，阳朔美景在兴坪"的美称，20元人民币的背面就是漓江山水的荟萃——兴坪佳境。第一期开发景区内有杨堤胜境 、下龙风光、九马画山、黄布倒影、兴坪佳境等自然美景;有兴坪古镇、渔村古民居等人文历史景观。景区内奇峰倒影、碧水青山、渔翁闲钓、田园牧歌，一派"人间仙境"的景象。两岸山峰翠绿挺拔，形态万千;江岸凤尾竹随风摇曳，婀娜多姿;江水碧绿无瑕、群峰倒影、如诗如幻、美不胜收。韩愈、徐霞客、贺敬之、叶剑英等曾为此留下墨宝，中外元首、名人政要曾在这里留下足迹。第二期开发阳朔县城至普益乡留公村段约18公里漓江下游水域，是闻名中外的电影《刘三姐》外景拍摄地，这里山清水秀、江面宽阔、群峰倒影、田园村庄、翠竹掩映，宛如一幅幅奇妙山水画卷。同时还有碧莲峰、书童山、睡美人山、八仙过海、雪狮岭、秀才看榜、双马迎宾、福利古镇、留公三潭等景点。</p>
  </div>
</div><!-- 版心盒子结束 -->
```

正文部分要设置行高、首行缩进等。

CSS 样式如下：

```css
.spotInfo{
  padding-bottom: 20px;
}
.spotInfo p{
  text-indent: 2em;/* 首行缩进两字符 */
  line-height: 34px;/* 每行行高34px */
}
```

> **小贴士**
> 行高设置的是每行文字的高度，正文部分的整体高度是由正文部分文字有多少行决定的。

【步骤八】建议部分制作

在 .main 里，.spotInfo 的下方插入一个类为 otherInfo 的 div 标签，在 .otherInfo div 标签里插入多个 div 标签，每个 div 标签里插入 span 标签，span 标签里写提示的项目，另外的部分是提示的内容。

HTML 结构如下：

```
<div class="main"><!-- 版心盒子 -->
  <!-- 前面已写，这里省略 -->
  <div class="spotInfo">
        <!-- 前面已写，这里省略 -->
  </div>
  <div class="otherInfo">
        <div><span>建议游玩：</span> 4~5小时</div>
        <div><span>最佳游玩季节：</span> 4—10月</div>
        <div><span>电话：</span>0073-8885068</div>
        <div><span>船票：</span>磨盘山-阳朔 ￥215；竹江-阳朔 ￥360；免票：6周岁（含）及以下儿童</div>
        <div><span>开放时间：</span>全年10:00—21:00</div>
        <div><span>景区地址：</span>广西桂林灵川县磨盘山漓江景区</div>
  </div>
</div><!-- 版心盒子结束 -->
```

设置行高，设置 span 的字体颜色为蓝色。

CSS 样式如下：

```
.otherInfo{
  line-height: 34px;
}
.otherInfo div span{
  color:#4C89DA;
}
```

【步骤九】地图部分制作

在 .main 里，.otherInfo 的下方插入一个类为 map 的 div 标签。

HTML 结构如下：

```
<div class="main"><!-- 版心盒子 -->
  <!-- 前面已写，这里省略 -->
  < div class="otherInfo">
        <!-- 前面已写，这里省略 -->
  </div>
  <div class="map" id="container"><!-- 地图 -->

  </div>
</div><!-- 版心盒子结束 -->
```

CSS 样式如下：

```
.map{
```

```css
    margin-top: 10px;
    height: 300px;
}
```

在 head 里包含百度地图的 JavaScript 接口。

```html
<script type="text/javascript" src="https://api.map.baidu.com/api?v=1.0&type=webgl&ak=Bt6YtlAOAT0EmOHH1PVTOMaYehy2Znw9"></script>
```

在页面底部添加 script 标签，里面写上地图相关的 JavaScript 代码，代码里调用了百度地图的 JavaScript 方法，绘制了地图。

```html
<script>
    var map = new BMapGL.Map("container");// 创建地图实例
    var point = new BMapGL.Point(110.438262,25.153166); // 创建点坐标
    map.centerAndZoom(point, 16); // 初始化地图，设置中心点坐标和地图级别
    map.enableScrollWheelZoom(true);
    var marker = new BMapGL.Marker(point); // 创建标注
    map.addOverlay(marker); // 将标注添加到地图中
</script>
```

【步骤十】评论部分制作

在 .main 里，.map 的下方新建一个类为 comment 的 div 标签。

HTML 结构如下：

```html
<div class="main"><!-- 版心盒子 -->
  <!-- 前面已写，这里省略 -->
  <div class="map" id="container"><!-- 地图 --></div>
  <div class="comment"><!-- 评论 -->
  </div>
</div><!-- 版心盒子结束 -->
```

1. 评论数量

评论部分效果图如图 6-26 所示。

评论（20条）

图 6-26　评论部分效果图

在 .comment 里，插入一个类为 total 的 div，div 里输入评论总数。

HTML 结构如下：

```html
<div class="comment"><!-- 评论 -->
  <div class="total">评论（20条）</div>
</div>
```

设置 .total 的高度、行高、字体粗细、上外边距等。

CSS 样式如下：

```css
.total{
    margin-top: 20px;
    height: 50px;
    line-height: 50px;
```

```
font-weight: 600;/* 字体粗细 */
}
```

2. 评论框

评论框效果图如图 6-27 所示。

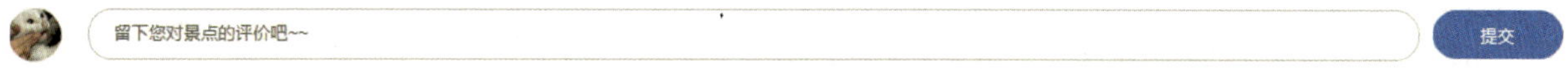

图 6-27 评论框效果图

在 .comment 里，.total 的下方插入一个类为 addComment 的弹性盒子 div。

在 .addComment 里插入一个类为 avatImg 的 div 标签，在 .avatImg 里插入一个类为 commentAvat 的 img 标签，为用户的头像图片。

在 .addComment 里，.avatImg 的后面插入一个类为 commentInput 的文本框。

在 .addComment 里，.commentInput 文本框的后面插入一个类为 btnSubmit 的按钮。

HTML 结构如下：

```
<div class="comment"><!-- 评论 -->
  <div class="total">评论（20条）</div>
  <div class="d-flex addComment"> <!-- 添加评论 -->
        <div class="avatImg">
            <img src="img/avat.jpg" class="commentAvat">
        </div>
        <input type="text" class="commentInput" placeholder="留下您对景点的评价吧~~">
        <button type="button" class="btnSubmit">提交</button>
   </div><!-- 添加评论结束 -->
</div>
```

评论框中，头像、评论文本框和按钮是横排的，这是通过弹性盒子设置的，弹性盒子直接使用通用样式 d-flex 即可。

.avatImg 要设置右边距样式，里面的图片 .commentAvat 要设置宽高的样式。

文本框设置 flex 属性为 1，而弹性盒子里其他元素都没有设置该属性，意思是其他元素占据宽度之后，它占父元素剩下的全部宽度。

CSS 样式如下：

```
.addComment{
  margin: 20px 0;
}
.avatImg{
  margin-right: 20px;/* 右边距 */
}
.avatImg .commentAvat {
  width: 40px;
  height: 40px;
}
.addComment input{
  line-height: 36px;
```

```
    height: 36px;
    border-radius: 18px;/* 圆角边框 */
    border:1px solid #CFCFCF;
    padding:0 20px;/* 上下内边距0,左右内边距20px */
    flex:1;  /* 占据父元素剩下的全部宽度 */
}
.addComment .btnSubmit{
    border:none;
    background-color: #4B8AD9;/* 背景色 */
    color:#fff;/* 字体颜色 */
    border-radius: 18px;/* 圆角边框 */
    height: 36px;
    width: 100px;
    margin-left: 10px;
}
```

> **小贴士**
>
> 头像在下面的评论列表功能里还要用,因而头像的类 .avatImg 和 .commentAvat 写样式时,前面不加 .addComment。

3. 评论列表

评论列表效果图如图 6-28 所示。

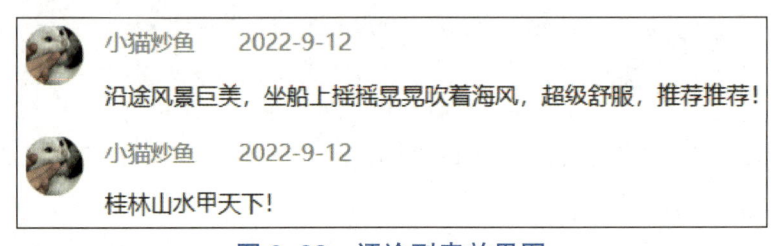

图 6-28 评论列表效果图

在 .comment 里,.addComment 的下方插入一个无序列表 ul,ul 里面插入一个 li,li 为弹性盒子,表示一条评论。在 li 里插入一个类为 avatImg 的 div,在 .avatImg 里插入一个类为 commentAvat 的 img 标签,为用户的头像图片。这部分为评论左边的头像。在 ul 下方插入"查看更多评论"的 div。

> **小贴士**
>
> 用户头像的结构和样式和步骤十的 2 一样。

在 li 里,.avatImg 的下方插入一个 div,在这个 div 里插入一个类为 nichen 的 div,里面是用户昵称。在 .nichen 下方插入一个类为 message 的 div,为评论正文。

HTML 结构如下:

```html
<div class="comment"><!-- 评论 -->
    <div class="total">评论（20条）</div>
    <div class="d-flex addComment"> <!-- 添加评论 -->
        <!-- 前面已写，这里省略 -->
    </div><!-- 添加评论结束 -->
    <ul>
        <li class="d-flex"> <!-- 一条评论，弹性盒子 -->
            <div class="avatImg"><!-- 用户头像 -->
                <img src="img/avat.jpg" class="commentAvat">
            </div>
            <div>
                <div class="nichen">小猫炒鱼<span>2022-9-12</span></div>
                <div class="message">沿途风景巨美，坐船上摇摇晃晃吹着海风，超级舒服，推荐推荐！</div>
            </div>
        </li>
    </ul>
    <div class="text-center">查看更多评论</div>
</div>
```

> **小贴士**
> 多条评论时，把 li 复制粘贴就可以。

CSS 样式如下：

```css
.nichen{
    color:#999;
    height: 34px;
}
.message{
    line-height: 26px;
    padding-bottom: 15px;
}
.nichen span{
    margin-left: 30px;
}
```

> **小贴士**
> 头像相关的样式已在步骤十的 2 设置。

任务拓展

利用弹性盒子制作岭南文化网中的纵向导航部分，效果如图 6-29 所示。

图 6-29 拓展任务效果图

知识点习题

1.（单选题）设置下列哪个 CSS 属性会使一个元素边框是完美的圆弧？（　　）

A. border-radius: 50%　　　　　　　　B. border-radius: 100%

C. border-radius: 25%　　　　　　　　D. border-radius: 75%

2.（单选题）设置 border-radius 的值时，可以用空格隔开的多个值来设置元素 4 个角的不同圆角，4 个值分别设置圆角的顺序为（　　）。

A. 右上、左上、右下、左下　　　　　B. 右上、右下、左下、左上

C. 左上、右上、右下、左下　　　　　D. 左上、左下、右下、右上

3.（单选题）overflow 哪个值可以对超出容器尺寸的内容进行裁剪，并显示滚动条来浏览这部分内容？（　　）

A. overflow: hidden;　　　　　　　　B. overflow: visible;

C. overflow: scroll;　　　　　　　　D. overflow: auto;

4.（判断题）伪元素 after 可以用来在选择器匹配的元素的后面添加内容。（　　）

5.（判断题）在百度地图中设置 IP 白名单时，可以使用星号（＊）作为通配符。它可以表示任意范围的 IP 地址。（　　）

任务7　热门景点列表页制作

任务描述

制作热门景点列表页，如图7-1所示。其中头部、导航和页脚已在前面制作，本任务制作页面的主体部分。主体部分包含多个景点卡片，每个卡片里有景点图片、评级、地址和电话等信息，图文混排，美观且实用，页面还包括翻页按钮，方便包含众多景点。

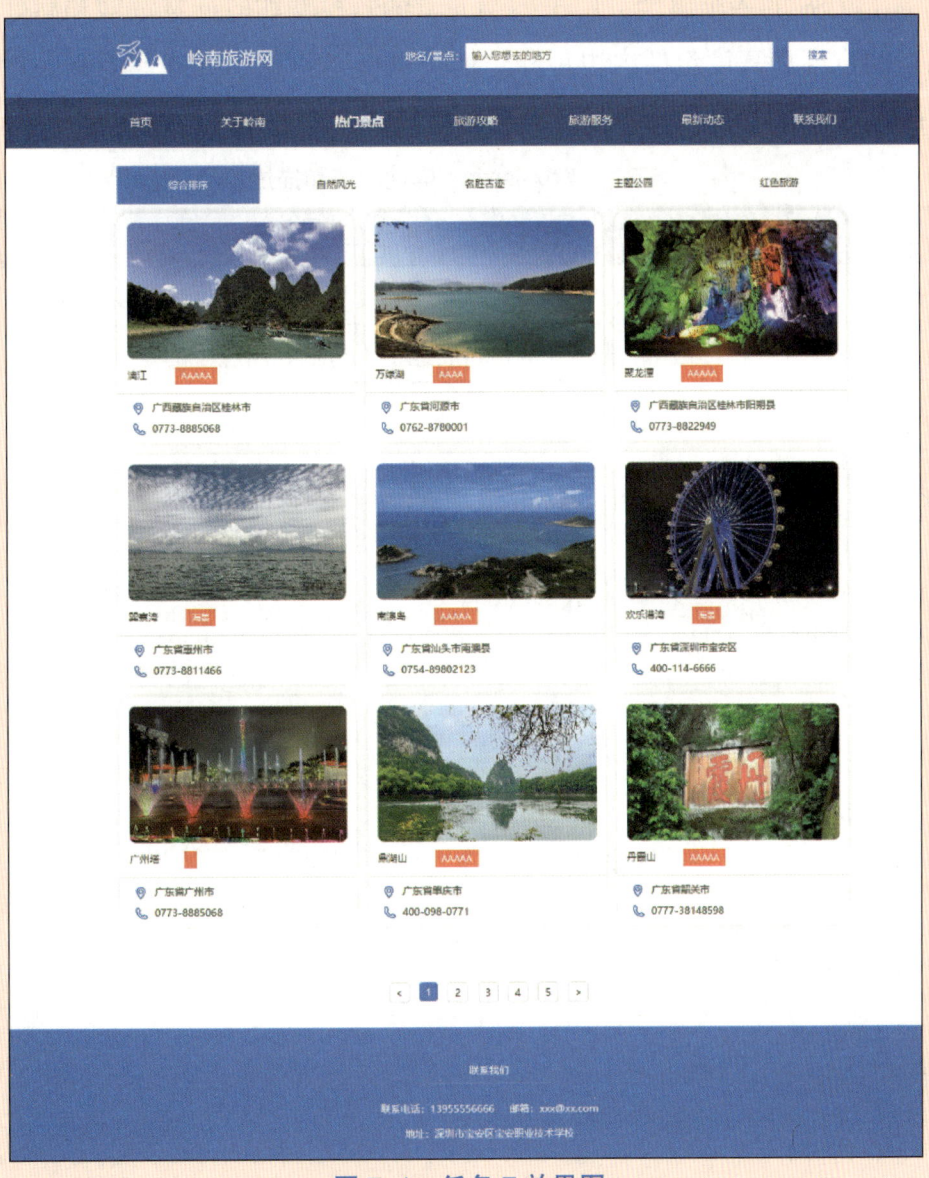

图7-1　任务7效果图

> **任务目标**
>
> 掌握 box-sizing、before 伪元素和背景图片样式的知识。利用已学的元素和样式制作美观的景点列表。图文混排，美观并全面地表达信息。

相关知识

7.1 网页样式

7.1.1 box-sizing

box-sizing 是 CSS 的一个属性，用于控制元素的盒模型如何计算宽度和高度。box-sizing 可设置使元素的宽度和高度包括内边距和边框。这可以使我们更好地控制元素的尺寸和布局，特别是在响应式设计中。box-sizing 有两个可选值，如表 7-1 所示。

表 7-1　box-sizing 属性的值和描述

值	描述
content-box	默认值，表示元素的宽度和高度就是内容框的宽度和高度
border-box	表示元素的宽度和高度包括了边框和内边距的宽度和高度

示例代码：

```
<div class="box1">
    <p>我是box1!</p>
</div>
<div class="box2">
    <p>我是box2!</p>
</div>

.box1 {
  width: 200px;
  height: 100px;
  background-color: lightblue;
  padding: 20px;
  border: 5px solid darkblue;
}
.box2 {
  width: 200px;
  height: 100px;
  background-color: lightpink;
  padding: 20px;
  border: 5px solid darkred;
  box-sizing: border-box;
}
```

运行结果如图 7-2 所示。

7.1.2 before 伪元素

before 也是常见的伪元素之一,表示在指定元素之前添加新内容。

before 必须有 content 属性。使用 content 属性来指定要插入的内容。

before 创建的是一个行内元素。如果需要设置宽高等属性,需要转换为行内块或块元素。

利用 before 在指定元素前插入背景图片,示例代码:

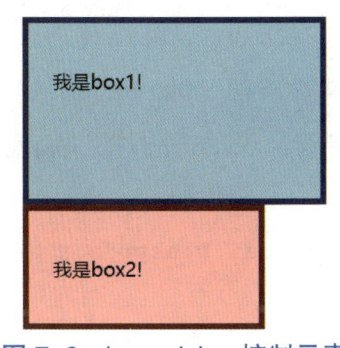

图 7-2 box-sizing 控制元素的盒模型如何计算宽度和高度

```
<div class="cardBottom">
  <div class="address">广西壮族自治区桂林市</div>
</div>
.cardBottom .address:before{
  display: block;
  float: left;
  content: "";
  width: 25px;
  height: 25px;
  background: url("../img/icon1.jpg") no-repeat 0 0;
  background-size: 80%;}
```

运行结果如图 7-3 所示。

图 7-3 使用 before 在指定元素前插入背景图片

7.1.3 背景图片

背景图片是指将一张图片作为元素的背景而不是插入到文本流中。背景图片可以是任何支持图像文件格式的图片,如 JPEG、PNG、GIF 等。CSS 中背景的基本属性如表 7-2 所示。

表 7-2 背景相关的基本属性和描述

属性	描述
background-color	设置元素的背景颜色
background-image	需要一个 URL 选择背景图像
background-repeat	决定当背景图像比元素的空间小时将如何排列
background-attachment	决定背景图片在元素的内容进行滚动时是应该滚动还是应该停留在屏幕的一个固定位置
background-position	指定背景图片在元素的画布空间中的定位方式
background	该属性是一个复合属性,可用于同时设置背景色、背景图片、背景重复模式等
background-clip	CSS3 新增背景属性,规定背景的绘制区域
background-origin	CSS3 新增背景属性,规定背景图片的定位区域
background-size	CSS3 新增背景属性,规定背景图片的尺寸

在 div 中设置背景图片"bk.png",将 background-repeat 属性设置为 no-repeat,表示当背景图像"bk.png"尺寸小于 div 元素大小时,图像不重复,将 background-size 属性设置为 80%,表示将图片"bk.png"缩放为 div 元素宽度和高度的 80%。

示例代码:

```
<div class="box"></div>

.box {
  width: 400px;
  height: 400px;
  background: url("./img/bk.png ") no-repeat;
  background-size: 80%; }
```

以上代码的运行结果如图 7-4 所示。

图 7-4 设置背景图片

任务实施

【步骤一】新建 HTML 文件,引入 CSS 文件

在网站中新建 hotSpot.html 文件,如图 7-5 所示。

图 7-5 新建 hotSpot.html 文件

在 hotSpot.html 文件中引入 style.css 文件。

```
<title>岭南旅游网--热门景点</title>
<link type="text/css" rel="stylesheet" href="css/style.css">
```

【步骤二】版心盒子制作

版心盒子制作的过程同前。

HTML 结构如下：

```
<div class="con">
  <div class="main"> <!-- 版心盒子 -->
  </div>
</div>
```

相关样式已在任务 2 步骤四设置。

【步骤三】选项卡部分制作

选项卡部分效果图如图 7-6 所示。

图 7-6 选项卡部分效果图

在 .main 里插入一个类为 subNav 的 div，在 .subNav 中插入一个无序列表 ul，ul 为弹性盒子，在 ul 里插入多个 li，每个 li 为一个选项卡。

HTML 结构如下：

```
<div class="main"> <!-- 版心盒子 -->
  <div class="subNav"><!-- 选项卡 -->
      <ul class="d-flex d-f-between text-center"><!-- 弹性盒子，两端对齐 -->
          <li class="cur">综合排序</li>
          <li>自然风光</li>
          <li>名胜古迹</li>
          <li>主题公园</li>
          <li>红色旅游</li>
      </ul>
  </div><!-- 选项卡结束 -->
</div>
```

CSS 样式如下：

```css
/* 景点分类 */
.subNav{
  margin-top: 30px;
  line-height: 60px;
  height: 60px;
}
.subNav ul li{
  width: 230px;
  cursor: pointer;
}
.subNav ul li:hover{
  background-color: var(--bgColor);
  color:#fff;
}
```

```css
.subNav ul li.cur{
  background-color: var(--bgColor);
  color:#fff;
}
```

【步骤四】景点卡片部分制作

景点卡片部分效果图如图 7-7 所示。

图 7-7　景点卡片部分效果图

在 .main 里，.subNav 的下方插入一个类为 cardList 的 div，在 .cardList 中插入一个无序列表 ul，ul 为弹性盒子，在 ul 里插入多个 li，每个 li 为一个选项卡。

每个 li 里插入一个 a 标签，使得 li 能被单击。

HTML 结构如下：

```html
<div class="main"> <!-- 版心盒子 -->
  <div class="subNav"><!-- 选项卡 -->
        <!-- 前面已写,这里省略 -->
  </div><!-- 选项卡结束 -->
  <div class="cardList"><!-- 景点卡片 -->
      <ul class="d-flex d-f-wrap">
          <li><!-- 景点卡片项目-->
                <a href="spotDetail.html">

                </a>
          </li>
      </ul>
  </div><!-- 景点卡片结束 -->
</div>
```

设置盒子的阴影、边距、圆角边框、宽度、高度等样式，CSS 样式如下：

```css
/* 景区列表 */
.cardList{
  padding:15px 0 30px;/* 内边距上15px,左右0,下30px */
}
.cardList ul li{
  box-shadow: 0 0 15px #eee; /* 盒子阴影 */
  box-sizing: border-box;
  width: 382px;
  border-radius: 20px; /* 圆角边框 */
```

```css
    margin-right: 20px;
    margin-bottom: 20px;
    line-height: 34px;
}
.cardList ul li:nth-child(3n){
    margin-right:0;
}
.cardList ul li a{
    outline: none;
}
.cardList ul li:hover{
    box-shadow: 0 0 15px #4B8ADA;/* 鼠标悬停之后的样式，盒子阴影颜色变化 */
}
```

1. 景点卡片上部图片和景点名制作

在 a 标签里面插入一个类为 cardTop 的 div，向 .cardTop 里插入一个 img 标签，为景点图片，img 标签下插入一个类为 .spotName 的 div，div 里是景点名字。

```html
<li><!-- 景点卡片项目-->
    <a href="spotDetail.html">
        <div class="cardTop"><!-- 图片和景点名 -->
            <img src="img/img8.jpg">
            <div class="spotName">
                漓江<span>AAAAA</span>
            </div>
        </div>
    </a>
</li>
```

设置边距、下边框、红色的文字背景等样式。img 的样式已在任务 2 步骤七中设置。其余 CSS 样式如下（在 style.css 中添加）：

```css
.cardList ul li .cardTop{
    border-bottom: 1px solid #E4E4E4;/* 下边框 */
    padding:15px 15px 10px;
}
.cardList ul li .cardTop .spotName{
    padding-top:10px;
}
.cardList ul li .cardTop .spotName span{
    background-color: #F66C6C;/* 字体背景 */
    margin-left: 40px;
    color: #fff;
    padding:5px 10px;
    font-size: 14px;
}
```

2. 景点卡片下部地址和电话制作

在 a 标签里，.cardTop 的后面插入一个类为 cardBottom 的 div，向 .cardBottom 里插入一个类为 address 的 div，为地址，在 .cardBottom 后插入一个类为 tel 的 div，为电话。

HTML 结构如下：

```
<li><!-- 景点卡片项目-->
  <a href="spotDetail.html">
        <div class="cardTop"><!-- 图片和景点名 -->
            <!-- 前面已写，这里省略 -->
        </div>
        <div class="cardBottom">
            <div class="address">广西壮族自治区桂林市</div>
            <div class="tel">0773-8885068</div>
        </div>
  </a>
</li>
```

设置边距、边框、背景图片等样式，CSS 样式如下（思考：为什么要用绝对定位？）：

```
.cardList ul li .cardBottom{
  padding:5px 25px;
  color:#969696;
}
.cardList ul li .cardBottom .address{
  position: relative;
  padding-left: 30px;
}
.cardList ul li .cardBottom .address:before{
  content: "";
  position: absolute;
  left:0;
  top:10px;
  width: 25px;
  height: 25px;
  background: url("../img/icon1.jpg") no-repeat 0 0;
  background-size: 80%;
}
.cardList ul li .cardBottom .tel{
  position: relative;
  padding-left: 30px;
}
.cardList ul li .cardBottom .tel:before{
  content: "";
  position: absolute;
  left:0;
  top:7px;
  width: 25px;
  height: 25px;
  background: url("../img/icon1.jpg") no-repeat 0 -36px;
  background-size: 80%;
}
```

任务拓展

制作岭南文化网中岭南建筑列表页的主体部分（头部、导航和页脚在前面已经完成），效果如图7-8所示。

图7-8 任务拓展效果图

知识点习题

1.（单选题）以下哪种 box-sizing 值会导致元素的 width 或 height 属性不包括 padding 和 border 的值？（　　）

　　A. content-box　　　B. border-box　　　C. padding-box　　　D. margin-box

2.（单选题）background-repeat 属性中，以下哪种方式可以让背景图片仅在水平方向上重复？（　　）

　　A. repeat-x　　　　B. repeat-y　　　　C. no-repeat　　　　D. repeat

3.（多选题）以下哪些属性值可以用来设置 box-sizing？（　　）

　　A. content-box　　　B. border-box　　　C. margin-box　　　D. padding-box

4.（单选题）以下哪种 background-size 值可以使背景图片按照原始尺寸显示，且不被裁剪？（　　）

　　A. cover　　　　　　B. contain　　　　　C. auto　　　　　　D. 100%

5.（判断题）伪元素 before 可以用来在选择器匹配的元素的前面添加内容。（　　）

任务8　旅游攻略列表页制作

任务描述

制作攻略列表页，其中头部、导航和页脚已在前面制作，本任务制作页面的主体部分。攻略列表里每个攻略占一行，左边是攻略图片，右边是作者信息和攻略正文。美观且实用，如图8-1所示。

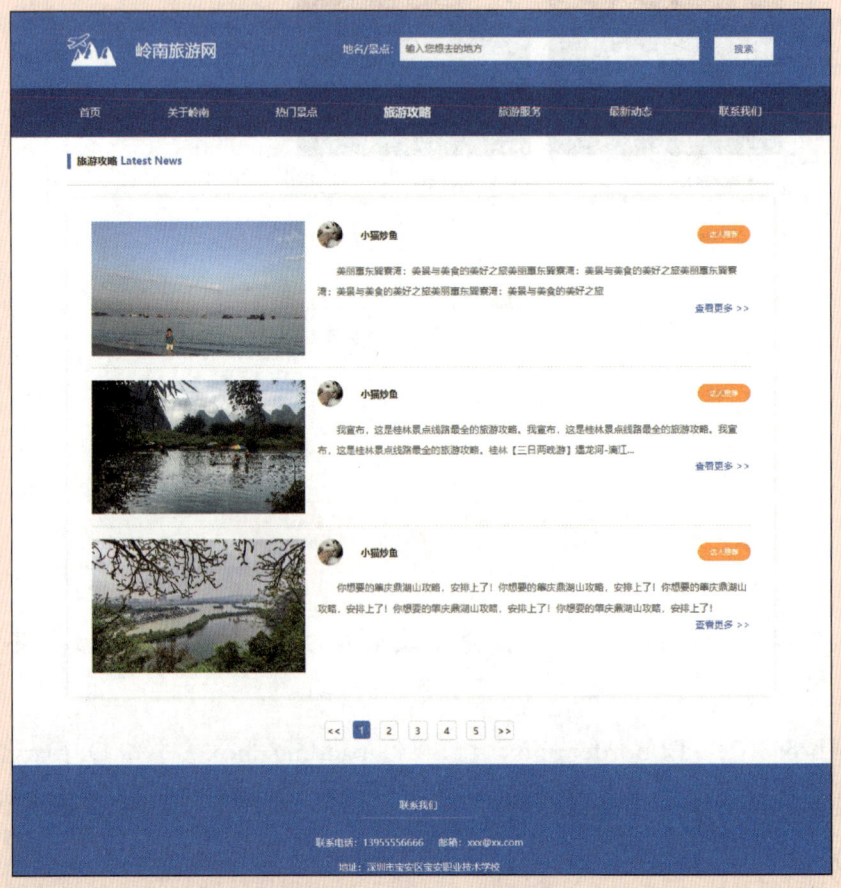

图8-1　任务8效果图

任务目标

掌握弹性盒子与元素类型的知识。利用已学的元素和样式制作用户攻略。能通过网站提供用户交流的平台。

相关知识

弹性盒子与元素类型

网页元素分为行内元素、行内块元素和块级元素，每种网页元素都有默认的显示方式。例如，网页中有这样一个 a 标签元素：

```
<div class="theShow" >
  <a href="">我是超链接</a>
</div>
```

如果我们对它应用下面的 CSS 样式：

```
.theShow a{
  width:100px;
  height:50px;
  border:1px solid #ccc;
}
```

会发现 a 标签有边框样式，但并没有宽、高样式，因为 a 标签默认是行内元素，行内元素对设置的宽、高属性是无效的，效果如图 8-2 所示。

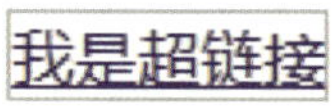

<u>我是超链接</u>

图 8-2　行内元素设置宽、高属性不生效

但是，如果一个元素设置成弹性盒子之后，它的子元素中的行内元素会自动变为块级元素。

例如，我们对上述的 CSS 样式进行修改，如下：

```
.theShow{
  display:flex; /* 弹性盒子 */
}
.theShow a{
  width:100px;
  height:50px;
  border:1px solid #ccc;
}
```

这时我们会发现，超链接上出现了宽、高和边框的样式，这就是因为对 div 设置了弹性盒子样式，a 标签作为弹性盒子的子元素，就自动变成了块级元素，效果如图 8-3 所示。

图 8-3　设置弹性盒子将元素转换为块级元素

任务实施

【步骤一】新建 HTML 文件，引入 CSS 文件，制作版心

在网站中新建 method.html 文件，如图 8-4 所示。

图 8-4　新建 method.html 文件

设置 method.html 的网页标题，引入 style.css 文件。

```
<title>岭南旅游网-旅游攻略</title>
<link rel="stylesheet" href="css/style.css">
```

在 body 里 .nav 的下方新建一个类为 con 的 div，在 .con 里新建一个类为 main 的 div，.main 为版心。

HTML 结构如下：

```
/* 内容 */
<div class="con">
  <div class="main">

  </div>
</div>
```

相关样式已在任务 2 步骤四设置。

【步骤二】标题部分制作

标题部分效果图如图 8-5 所示。

图 8-5　标题部分效果图

在 .main 里，新建一个类为 titleBorder 的 div。在 .titleBorder 里新建一个类为 title 的 div，div 里写标题中文文字，在中文文字的后方插入一个 span 标签，span 标签里写标题英文文字。

HTML 结构如下：

```
<div class="main">
  <div class="titleBorder"><!-- 标题 -->
      <div class="title">旅游攻略 <span>Tourism Strategy</span></div>
  </div><!-- 标题结束 -->
</div>
```

CSS 样式如下：(思考：同样是 before，为什么热门景点列表那里要用绝对定位，这里不用？)

```
.titleBorder{
  height: 80px;
  line-height: 80px;
  border-bottom: 1px solid #DEDEDE;
  margin-bottom: 20px;
}
.title::before{
  content: "";
  background-color: var(--bgColor);
  width: 6px;
  display: inline-block;
  vertical-align: middle;
  height: 25px;
  margin-right: 10px;
}
.title{
  font-weight: 600;
  font-size: 17px;
}
.title span{
  color:#4B8AD9;
}
```

小贴士

（1）热门景点标题的 titleBorder 是一个通用样式，设置的是带灰色下边框的样式，这个样式以后还可以多次用到，这里单独列出来。

（2）title 也是一个通用样式，设置的是前面带蓝色竖线的标题的样式，黑色中文文字后面带一个蓝色的英文 span 标签。这个样式以后还要多次用到，这里单独列出来。

（3）蓝色竖线的样式是用 CSS 的 before 伪类选择器制作的。

【步骤三】攻略列表部分制作

在 .main 里，.titleBorder 下方，新建一个类为 list 的 div。在 .list 里新建一个列表 ul，在

ul 里新建多个 li，除最后一个 li 外，每个 li 都带下虚线边框。整个 li 要能被单击，因此在 li 中新建一个超链接 a，a 设置为弹性盒子，以方便内部元素的排列。

HTML 结构如下：

```html
<div class="main">
    <div class="titleBorder"><!-- 标题 -->
        <!-- 前面已写，这里省略 -->
    </div><!-- 标题结束 -->
    <div class="list subList"><!-- 攻略列表 -->
        <ul>
            <li><!-- 攻略列表项 -->
                <a href="methodDetail.html" class="d-flex d-f-between">
                </a>
            </li>
            ……
        </ul>
    </div><!-- 攻略列表结束 -->
</div>
```

CSS 样式如下（在 style.css 文件中添加）：

```css
.subList{/* 设置列表盒子的阴影 */
    padding: 40px;
    box-shadow: 0 0 15px #eee;
}
.list li{
    padding-bottom: 20px;
    border-bottom: 1px dashed #DEDEDE;/* 下虚线边框 */
    margin-bottom: 20px;
}
.list li:last-child{
    padding-bottom: 0;
    border-bottom: none;/* 最后一个列表项没有下边框 */
    margin-bottom: 0;
}
```

> **小贴士**
>
> （1）.list 为列表样式，以后还要多次用到。
>
> （2）subList 为列表盒子阴影样式，要把这个样式单独列出来是因为有的列表有阴影（如本页的）有的没有（如首页里的）。
>
> （3）这里只列了一个 li，其他的 li 复制即可。

1. 完成列表项中左侧的图片

在超链接 a 里新建一个类为 methodThumb 的 div，div 内含一张图片。

HTML 结构如下：

```html
<li><!-- 攻略列表项 -->
```

```
        <a href="methodDetail.html" class="d-flex d-f-between">
            <div class="methodThumb"><!-- 左侧图片 -->
                <img src="img/img33.jpg" alt="">
            </div>
        </a>
    </li>
```

CSS 样式如下：

d-flex、d-f-between 和 img 的样式已在任务 5 步骤二设置。

```
.methodThumb{
    flex:1;  /* 占据父元素剩下的全部宽度 */
    margin-right: 22px;
    height: 220px;
}
```

> **小贴士**
>
> 此时运行，效果是图片占整个版心宽度，这是因为右侧用户名、文本部分还没有做，父元素剩余的宽度是全部。

2. 完成列表项中右侧的用户名、文本等

在超链接 a 里，.methodThumb 的后面新建一个类为 methodCon 的 div，在 .methodCon 内新建一个类为 methodTitle 的 div 和类为 methodTxt 的 div。.methodTitle 是第一行部分，.methodTxt 内为攻略文字。

在 .methodTitle 内新建一个类为 userInfo 的 div 和一个类为 btn 的 div。.userInfo 为居中对齐的弹性盒子，内含一张用户头像图片和一个类为 methodName 的用户名 div。.btn 为"达人推荐"按钮。

> **小贴士**
>
> 头像和用户名位置是集中的，它们是一个整体，这个整体和"达人推荐"按钮是分散对齐的，所以，头像和用户名放在一个 div 中，按钮放在另一个 div 中。

HTML 结构如下：

```
<li><!-- 攻略列表项 -->
    <a href="methodDetail.html" class="d-flex d-f-between">
        <div class="methodThumb">
            <img src="img/img4.jpg" alt="">
        </div>
        <div class="methodCon"><!-- 右侧部分 -->
            <div class="methodTitle d-flex d-f-between d-f-col-center"><!-- 抬头 -->
                <div class="userInfo d-flex d-f-col-center"><!-- 用户信息 -->
```

```html
                    <img src="img/avat.jpg" class="avat">
                    <div class="<methodName></methodName>">小猫炒鱼</div>
                </div>
                <div class="btn">达人推荐</div><!-- 达人推荐按钮 -->
            </div><!-- 抬头结束 -->
            <div class="methodTxt"><!-- 正文 -->
                我宣布这是香港景点线路最全的旅游攻略老样子，先上旅游景点线路攻略。香港[经典一日游] 香港星光大道-尖沙咀- 太平山……
            </div>
        </div><!-- 右侧部分结束 -->
    </a>
</li>
```

CSS 样式如下：

这里有一个通用样式，设置的是按钮 .btn 的样式，这个样式以后还要多次用到，这里单独列出来。

```css
.btn{
    background-color: #FFA149;
    border-radius: 15px;
    height: 30px;
    line-height: 30px;
    width: 88px;
    color:#fff;
    font-size: 12px;
    text-align: center;
}

.methodCon{
    flex:2;  /* 占据父元素宽度的2份 */
}
.userInfo{
    width: 180px;
}
.userInfo .avat{
    width: 43px;
    margin-right: 30px;
    border-radius: 50%;
}
.userInfo .methodName{
    font-weight: 600;
    color: #333;
}
.methodTxt{
    padding-top: 20px;
    text-indent: 2em;
    line-height: 34px;
    color: #717171;
}
```

> **小贴士**
>
> flex 的值是宽度占比，.methodThumb 和 .methodCon 在同一个父元素下，是兄弟元素，它们都设置了 flex 值，总值是 3，.methodThumb 占父元素总宽度的 3 份中的 1 份，.methodCon 占父元素总宽度的 3 份中的 2 份。

【步骤四】翻页部分制作

翻页按钮在攻略列表的下方，居中，当前页高亮显示，如图 8-6 所示。

图 8-6　翻页部分效果图

在 .main 里，.list 的下方，新建一个类为 pages 的 div，这个 div 为弹性盒子。
HTML 结构如下：

```
<div class="main">
  <div class="list subList"> <!-- 旅游攻略列表 -->
      <!-- 前面已写，这里省略 -->
  </div> <!-- 旅游攻略列表结束 -->
  <div class="pages d-flex d-f-center"> <!-- 翻页 -->
      <a href=""><< </a>
      <a href="" class="cur">1</a> <!-- 当前页 -->
      <a href="">2</a>
      <a href="">3</a>
      <a href="">4</a>
      <a href="">5</a>
  <a href="" >></a>
  </div> <!-- 翻页结束 -->
</div>
```

CSS 样式如下：

d-flex 和 d-f-center 的样式已在任务 5 步骤二设置。

```
/* 分页样式 */
.pages {
  margin:40px 0;
}
.pages a{/* 弹性盒子子元素，因而可以设置宽高和边框等样式 */
  border:1px solid #E2E2E2;
  width: 30px;
```

```
    height: 30px;
    text-align: center;
    line-height: 30px;
    margin: 0 8px;
    border-radius: 5px;
}
.pages a.cur{
    background-color: var(--bgColor);
    color:#fff;
    border:none;
}
```

> **小贴士**
>
> 翻页设置的是居中的弹性盒子，因而各翻页选项会在中部对齐。

任务拓展

制作岭南文化网中岭南建筑列表页的主体部分（头部、导航和页脚在前面已经完成），效果如图 7-8 所示。

知 识 点 习 题

1.（判断题）弹性布局元素中，块状元素依然独占一行。　　　　　　　　　　　　（　　）

2.（多选题）弹性布局元素中，对行内元素的说法正确的有（　　）。

A. 仍然是行内元素　　　　　　　　　B. 行内元素不能设置弹性布局

C. 变成块级元素　　　　　　　　　　D. 可以设置宽高

3.（多选题）对于单独的行内元素，下列说法正确的有（　　）。

A. 对其设置宽高的 CSS 样式是有效果的

B. 对其设置宽高的 CSS 样式是没有效果的

C. 对其设置边框的 CSS 样式是有效果的

D. 对其设置边框的 CSS 样式是没有效果的

4.（判断题）弹性盒子元素的子元素都对设置的宽、高和边框样式起作用。　　　　（　　）

5.（判断题）超链接 a 默认是行内块元素。　　　　　　　　　　　　　　　　　　（　　）

项目一　PC 端页面制作——以岭南旅游网为例

任务9　联系我们页制作

任务描述

制作联系我们页，其中头部、导航和页脚已在前面制作，本任务制作页面的主体部分。主体部分是典型的表格，里面包含了多个需要填写的文本框，方便用户进行反馈，如图 9-1 所示。

图 9-1　任务 9 效果图

任务目标

掌握表格相关的知识。利用表格制作联系我们的页面。在网站中提供用户反馈的平台。

相关知识

9.1　网页标签

9.1.1　表格标签（table、tr、th、td）

（1）table 属于表格标签。tr 用于定义行，td 用于定义单元格，th 也用于定义单元格，与 td 类似，显示效果不同，通常用于定义表格页眉单元格。<caption> 表示表格标题。cellspacing 属性表示单元格间距，cellpadding 表示单元格填充。

示例代码：

```
<table border="1" cellspacing="0" cellpadding="0">
 <caption>课程表</caption>
  <tr><th></th><th>星期一</th><th>星期二</th><th>星期三</th><th>星期四</th><th>星期五</th></tr>
  <tr><td>第一节</td><td></td><td></td><td></td><td></td><td></td></tr>
  <tr><td>第二节</td><td></td><td></td><td></td><td></td><td></td></tr>
  <tr><td>第三节</td><td></td><td></td><td></td><td></td><td></td></tr>
  <tr><td>第四节</td><td></td><td></td><td></td><td></td><td></td></tr>
  <tr><td>第五节</td><td></td><td></td><td></td><td></td><td></td></tr>
  <tr><td>第六节</td><td></td><td></td><td></td><td></td><td></td></tr>
</table>
```

运行效果如图 9-2 所示。

课程表

	星期一	星期二	星期三	星期四	星期五
第一节					
第二节					
第三节					
第四节					
第五节					
第六节					

图 9-2 使用表格标签制作课程表

（2）td 提供两个属性，rowspan 用于表示行合并，用来设置单元格可横跨的行数。colspan 用于表示列合并。用来设置单元格可横跨的列数。colspan="0" 指示浏览器横跨到列组的最后一列。colspan="1" 没有合并单元格的作用。rowspan 同理。

示例代码：

```
<table border="1" width="300px" height="200px" cellspacing="" cellpadding="">
  <tr>
        <td colspan="2"></td>
        <td rowspan="2"></td>
  </tr>
  <tr>
        <td rowspan="2"></td>
        <td></td>
  </tr>
</table>
```

运行效果如图 9-3 所示。

图 9-3 单元格合并效果

9.2 网页样式

9.2.1 表格相关样式

（1）可以给表格标签 <table>,<tr><td> 等添加样式，包含边框、背景色、背景图片等样式设置。这里需要特别注意，如果表格有多行，只给第一行设置宽度，其余的行全部执行第一行的宽度。同样地，只给第一列设置高度，后面全部执行第一列的高度。

示例代码：

```
<!DOCTYPE html>
<html>
    <head>
        <meta charset="utf-8">
        <title></title>
        <style type="text/css">
            table{
                background-color:#CCCCCC;
            }
            td{
                border: 1px solid;
                text-align: center;
                height: 80px;
            }
            .t1{
                width: 200px;       /* 设置第一行的第一个单元格宽度为200px; */
            }
            .t2{
                width: 300px;   /* 设置第一行的第二个单元格宽度为300px; */
            }
        </style>
    </head>
    <body>
```

```
        <table>
            <tr>
                <td class="t1">语文</td>
                <td class="t2">数学</td>
            </tr>
            <tr>
                <td>英语</td>
                <td>体育</td>
            </tr>
        </table>
    </body>
</html>
```

运行结果如图 9-4 所示。

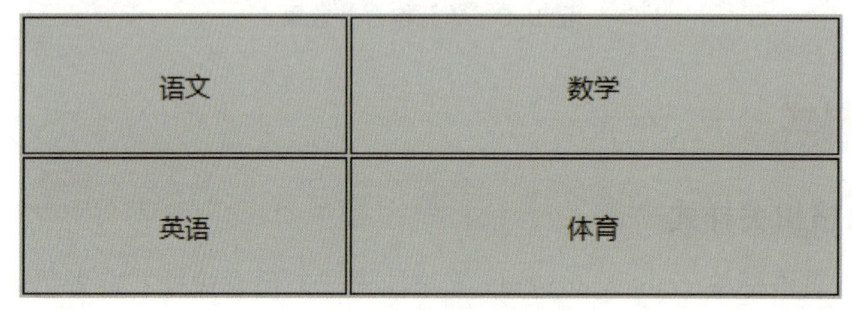

图 9-4　给表格添加样式

（2）border-collapse。

border-collapse 用于设置是否合并表格边框。有两个值，separate（默认）显示效果分开，collapse 表示将边框合并为一个单一的边框。

示例代码：

```
<table border="1">
  <tr><td>今天</td><td>学习</td><td>了吗</td></tr>
  <tr><td>吃饭</td><td>学习</td><td>运动</td></tr>
</table>
<hr >
<table border="1" style="border-collapse: collapse;">
  <tr><td>今天</td><td>学习</td><td>了吗</td></tr>
  <tr><td>吃饭</td><td>学习</td><td>运动</td></tr>
</table>
```

运行效果如图 9-5 所示。

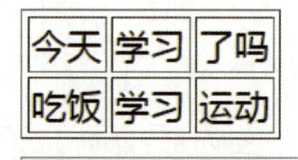

图 9-5　设置合并表格边框效果

（3）border-spacing。

border-spacing 用于设置相邻单元格边框之间的距离。属性值为长度（px），写一个值，表示水平和垂直都使用这个值，写两个值，第一个表示水平间距，第二个表示垂直间距。

示例代码：

```
<table border="1" style="border-spacing: 20px 20px;">
  <tr><td>今天</td><td>学习</td><td>了吗</td></tr>
  <tr><td>吃饭</td><td>学习</td><td>运动</td></tr>
</table>
```

运行效果如图 9-6 所示。

图 9-6　设置相邻单元格表框的距离

（4）empty-cells。

empty-cells 用于设置表格中空单元格上的边框和背景是否显示。默认为 show 显示，hide 表示不显示。

示例代码：

```
<table border="1" style="empty-cells: hide;">
  <tr><td>今天</td><td>学习</td><td></td></tr>
  <tr><td>吃饭</td><td>学习</td><td>运动</td></tr>
</table>
```

运行效果如图 9-7 所示。

图 9-7　设置表格中空单元格上的边框和背景是否显示

任务实施

【步骤一】新建 HTML 文件，引入 CSS 文件，制作版心

在网站中新建 contact.html 文件，如图 9-8 所示。

图 9-8　新建 contact.html 文件

设置 contact.html 的网页标题，引入 style.css 文件。

```
<title>岭南旅游网-联系我们</title>
<link rel="stylesheet" type="text/css" href="css/style.css"/>
```

在 body 里 .nav 的下方新建一个类为 con 的 div，在 .con 里新建一个类为 main 的 div，.main 为版心。

HTML 结构如下：

```
/* 内容 */
<div class="con">
  <div class="main">


  </div>
</div>
```

版心样式已在任务 2 步骤四设置。

【步骤二】当前位置部分制作

当前位置部分的制作过程同任务 2 步骤二。

HTML 结构如下：

```
<div class="main"><!-- 版心盒子 -->
  <div class="pos">当前位置：
      <a href="index.html">首页</a> > 联系我们
  </div><!-- 当前位置结束 -->
</div><!-- 版心盒子结束 -->
```

版心的 CSS 样式已在任务 2 步骤五设置。

【步骤三】联系我们卡片部分制作

在 .main 里，.pos 下方，新建一个弹性盒子 div。

HTML 结构如下：

```
<div class="main"><!-- 版心盒子 -->
  <div class="pos">当前位置：
        <a href="index.html">首页</a> > 联系我们
  </div><!-- 当前位置结束 -->
  <div class="d-flex">
  </div>
</div><!-- 版心盒子结束 -->
```

弹性盒子的 CSS 样式已在任务 5 步骤二设置。

1. 联系卡片部分制作

在弹性盒子里，插入一个类为 contact 的 div，在 .contact 里插入一个类为 title 的 div，为标题，在 title 后面插入三个段落 p 标签，p 标签的内容为网站联系方式。

HTML 结构如下：

```
<div class="pos">当前位置：
  <a href="index.html">首页</a> > 联系我们
</div><!-- 当前位置结束 -->
<div class="d-flex">
    <div class="contact"><!-- 联系卡片 -->
        <div class="title">联系我们 <span>Contact us</span></div>
        <p>
            岭南旅游网<br>
            中国·深圳·宝安区
        </p>
        <p>
            电话：xxxxxx<br>
            邮箱：xxxxxx@qq.com
        </p>
        <p>
            QQ：xxxxx<br>
        </p>
    </div><!-- 联系卡片结束 -->
</div>
```

CSS 样式如下：

```
/* 联系我们 */
.contact{
  width: 360px;
  border:1px solid #ddd; /* 边框 */
  box-sizing: border-box; /* 定宽 */
  padding:30px;
  margin-right: 20px;
}
.contact p{
  padding-left: 20px;
  padding-top: 30px;
  line-height: 36px;
}
```

> **小贴士**
>
> 标题 .title 的结构和样式已经在任务 8 步骤二设置。

2. 留言卡片部分制作

在弹性盒子里，.contact 后插入一个类为 cform 的 div，在 .cform 里插入一个类为 tip 的 div，为说明，在 .tip 里插入一个 form 表单，在 form 表单里插入一个 table 表格。

HTML 结构如下：

```html
<div class="d-flex">
  <div class="contact"><!-- 联系卡片 -->
        <!-- 前面已写，这里省略 -->
  </div><!-- 联系卡片结束 -->
  <div class="cform"><!-- 留言卡片 -->
        <div class="tip">发表您的留言：业务咨询·品牌合作·广告投放·宣传报道·采访邀请·投诉举报·意见反馈·网站纠错
        </div>
        <form action="" method="post">
            <table width="100%">
            
            </table>
        </form>
  </div><!-- 留言卡片结束 -->
</div>
```

CSS 样式如下：

```css
.cform{
  flex:1; /* 占据父元素剩下的全部宽度 */
  border:1px solid #ddd;
  padding:30px;
}
.cform .tip{
  color:#fb6f6f;
  padding-bottom: 20px;
}
```

表格内有三行，第一行和第二行是四个单元格，第三行是两个单元格。

（1）表格第一行制作。

在 table 里插入 tr 标签，在 tr 标签里插入四个 td 标签，第一个和第三个 td 为文字，第二个和第四个 td 为输入框。

HTML 结构如下：

```html
<table width="100%">
  <tr height="50px">
      <td class="w10">姓名：<span>*</span></td>
      <td class="w40">
          <input type="text" name="username" class="formControl">
```

```
        </td>
        <td class="w10">手机: <span>*</span></td>
        <td class="w40">
            <input type="text" name="cellphone" class="formControl" >
        </td>
    </tr>
</table>
```

设置各单元格的宽度,以及表单元素的样式。

CSS 样式如下:

```
.cform tr{
  height: 50px;
}
.w10{
  width: 10%;
}
.w40{
  width: 40%;
}
.cform .formControl{
  width:100%;
  box-sizing: border-box;
  padding:0 15px;
  height: 36px;
  line-height: 36px;
  border:1px solid #ddd;
  color:#777;
}
```

(2)表格第二行制作。

表格第二行和第一行结构完全相同。

HTML 结构如下:

```
<table width="100%">
    <tr>
        <!-- 第一行,前面已写,这里省略 -->
    </tr>
    <tr>
        <td class="w10">地址: </td>
        <td class="w40">
            <input type="text" name="addr" class="formControl">
        </td>
        <td class="w10">邮箱: </td>
        <td class="w40">
            <input type="text" name="email" class="formControl">
        </td>
    </tr>
</table>
```

CSS 样式已设置。

> **小贴士**
>
> 表格第一行的单元格设置了宽度之后，后面行的单元格不设置宽度也是可以的，会自动按照第一行的宽度显示。

（3）表格第三行制作。

第三行有两个单元格，第二个是合并三个小单元格形成的大单元格。

HTML 结构如下：

```
<table width="100%">
  <tr>
        <!-- 第一行，前面已写，这里省略 -->
  </tr>
  <tr>
        <!-- 第二行，前面已写，这里省略 -->
  </tr>
  <tr>
        <td>内容：</td>
        <td colspan="3">
            <textarea rows="10" name="content" class="formControlText"></textarea>
        </td>
  </tr>
</table>
```

设置多行文本框的样式。CSS 样式如下：

```
.cform .formControlText{
  width:100%;
  box-sizing: border-box;
  padding:0 15px;
  line-height: 25px;
  height: 200px;
  border:1px solid #ddd;
  color:#777;
}
```

（4）表格第四行制作。

第四行是一个单元格，是合并四个小单元格形成的大单元格。

HTML 结构如下：

```
<table width="100%">
  <tr>
        <!-- 第一行，前面已写，这里省略 -->
  </tr>
  <tr>
        <!-- 第二行，前面已写，这里省略 -->
  </tr>
  <tr>
        <!-- 第三行，前面已写，这里省略 -->
```

```
        </tr>
        <tr>
                <td colspan="4" class="text-center">
                        <button class="btnform">提交</button>
                </td>
        </tr>
</table>
```

设置按钮的样式。

CSS 样式如下：

```
.cform .btnform{
    width: 400px;
    height: 50px;
    margin: 20px auto;
    border:none;
    color:#fff;
    background-color: var(--bgColor);
}
```

任务拓展

制作岭南文化网中的注册页面，效果如图 9-9 所示。

图 9-9

知识点习题

1.（单选题）下列说法正确的是（　　）。

A. tr 代表列　　　　　　　　　　B. table 是表单标签

C. td 代表行　　　　　　　　　　D. th 是表头单元格标签

2.（单选题）哪一个标记用于使 HTML 文档中表格里的单元格在同行进行合并（　　）。

A. cellspacing　　　B. cellpadding　　　C. rowspan　　　D. colspan

3.（单选题）CSS 代码"table{border: 1px solid red; }"表示的含义是（　　）。

A. 设置 table 的边框为 1 像素红色实线　　B. 设置单元格的边框为 1 像素红色实线

C. 设置 table 的边框为 1 像素红色虚线　　D. 设置单元格的边框为 1 像素红色虚线

4.（判断题）当对表格中的某一个 td 标记用 width 属性设置宽度时，该列的所有单元格都会以设置的宽度显示。（　　）

5.（判断题）在表格中，对单元格设置外边距属性 margin，不会生效。（　　）

任务10　首页制作

任务描述

制作首页，其中头部、导航和页脚已经在前面制作，本任务制作页面的主体部分。首页包含了前面制作过的各项内容，因而在制作首页时，要注意与前面的页面重用样式，以提高效率和确保样式的统一，如图10-1所示。

图10-1　任务10效果图

任务目标

掌握样式重用和定位方式的知识。综合使用已经学过的知识和技能制作布局最复杂的首页。在制作的过程中培养整体和统筹规划的意识。

相关知识

10.1 样式重用

在 CSS 中灵活使用样式重用技巧可以节省大量时间、减少工作量，接下来将介绍几种实现样式重用的方法。

（1）使用类名。

将具有相同样式的标签设置相同的类名，再通过类名选择器设置样式。

（2）设置公共样式文件。

创建一个 CSS 文件，在其中书写多个页面都能用到的公共样式，例如页面的字体属性、列表样式等。再将这个公共样式文件与多个 HTML 文件链接。

灵活熟练的使用样式重用不仅可以减少代码书写量、提高效率，更能统一代码风格、减少代码冗余、提高可维护性。

10.2 定位方式

定位是 CSS 中常用的一种布局方式，可以精确地调整元素在文档中的位置，可以满足多样化的布局要求。使用定位有两个要点需要掌握，分别是相对位移的对象和移动距离。

10.2.1 定位方式

position 属性决定不同的定位方式，即相对位移的对象的区别。接下来我们介绍 3 种常用的定位方式的区别。

（1）position: relative；相对定位，移动的对象为元素自己本身。移动后不脱离普通文本流，保留元素原本所在的空间。

（2）position: absolute；绝对定位，移动的对象为元素距离自己最近的有定位属性的父辈元素，如果所有的父辈元素都没有定位属性，则相对 body 元素进行位移。移动后脱离普通文本流，不保留元素原本所在的空间。

（3）position: fixed；固定定位，移动的对象为可视界面。移动后脱离普通文本流，不保留元素原本所在的空间。

10.2.2 移动距离

移动距离使用 4 个位置信息属性：top、bottom、left、right 来确定，在使用时 top 与 bottom 选择一个即可，left 与 right 选择一个即可。

top：定位元素的顶边从相对对象的顶边开始，向下移动的距离。
bottom：定位元素的底边从相对对象的底边开始，向上移动的距离。
left：定位元素的左边从相对对象的左边开始，向右移动的距离。
right：定位元素的右边从相对对象的右边开始，向左移动的距离。

10.2.3 z-index

定位会造成元素之间的重叠，有时我们需要调整重叠元素的叠放顺序，这时我们就可以用 z-index 属性来实现这一操作。

z-index 属性的默认值为 auto，我们可以设置它的值为正负整数，数字较大的堆叠在上面，数字 0 与默认值的元素在同一图层。

任务实施

【步骤一】新建 HTML 文件，引入 CSS 文件，制作版心

在网站中新建 index.html 文件，如图 10-2 所示。

图 10-2　新建 index.html 文件

设置 index.html 的网页标题，引入 style.css 文件。

```
<title>岭南旅游网</title>
<link rel="stylesheet" type="text/css" href="css/style.css"/>
```

在 body 里 .nav 的下方新建一个类为 con 的 div，在 .con 里新建一个类为 main 的 div，.main 为版心。

HTML 结构如下：

```
/* 内容 */
<div class="con">
  <div class="main">

  </div>
</div>
```

版心样式已在任务 2 步骤四设置。

.main 里包含公告、关于岭南、热门景点、旅游攻略和热门推荐、旅游服务以及最新动态六部分。

【步骤二】公告部分制作

公告部分左侧有一个喇叭图片，右侧是公告列表，如图 10-3 所示。

图 10-3 公告部分效果图

在 .main 里新建一个类为 notice 的 div，.notice 是一个白色背景，有阴影的弹性盒子。

在 .notice 里新建两个子 div，一个类为 icon，另一个类为 noticeList，这两个 div 是浮动的，左右排列。.icon 内含一张图片。.noticeList 为公告内容，内含一个 ul 列表。

HTML 结构如下：

```
<div class="con">
  <div class="main">
      <!-- 公告 -->
      <div class="notice">
          <div class="icon">
              <img src="img/gg.jpg">
          </div>
          <div class="noticeList">
              <ul>
                <li>广西桂林阳朔【遇龙河竹筏】：近期维修，开发时间待定</li>
                <li>广西桂林阳朔【遇龙河竹筏】：近期维修，开发时间待定</li>
                <li>广西桂林阳朔【遇龙河竹筏】：近期维修，开发时间待定</li>
                <li>广西桂林阳朔【遇龙河竹筏】：近期维修，开发时间待定</li>
              </ul>
          </div>
      </div><!-- 公告结束 -->
  </div>
</div>
```

CSS 样式如下：

img 的样式在任务 2 步骤七已设置。

```
/* 公告样式 */
.notice{
```

```css
    padding-top: 30px;
    line-height: 50px;
    height: 50px;
    box-shadow: 0 10px 30px #eee;
    margin-bottom: 30px;
}
.notice .icon{
    float: left;
    padding:12px 15px 0;
}
.notice .icon img{
    width: 24px;
}
.notice .noticeList{
    float: left;
    width: 1100px;
    overflow: hidden;
}
.notice ul{
    width: 200%;
}
.notice ul li{
    float: left;
    margin-right: 60px;
}
```

【步骤三】轮播图和关于岭南部分制作

关于岭南部分左侧是轮播图,右侧是关于岭南文本部分,右侧上部是关于岭南标题,下方是介绍文字,如图 10-4 所示。

图 10-4 轮播图效果图

1. 左侧轮播图制作

在 .main 里,.notice 的下方新建一个类为 about 的 div,.about 是一个弹性盒子。这是关于岭南部分整体的 div。

在 .about 里新建一个类为 thumb、id 为 banner 的 div,为轮播图。

在 #banner 里插入 ul 列表，列表里包含多张图片。图片后面会设置 JavaScript 代码使其左右滚动，因而图片 ul 的父元素设置为溢出隐藏，图片 ul 的宽度设置成父元素的 5 倍，内层的 li 通过左浮动排列。

在 #banner 里，ul 的下方插入一个 ol 列表，为轮播图上的按钮。按钮是绝对定位，因而能堆在图片的上方。

HTML 结构如下：

```html
<div class="main">
  <!-- 公告 -->
  <div class="notice">
        <!-- 前面已写，这里省略 -->
  </div><!-- 公告结束 -->
  <div class="about d-flex"><!-- 关于岭南 -->
        <div class="thumb" id="banner"> <!-- 轮播图 -->
            <ul> <!-- 轮播图的图片 -->
                    <li><img src="img/banner3.png" alt="岭南"></li>
                    <li><img src="img/banner.jpg" alt="岭南"></li>
                    <li><img src="img/banner2.jpg" alt="岭南"></li>
                    <li><img src="img/banner3.png" alt="岭南"></li>
                    <li><img src="img/banner.jpg" alt="岭南"></li>
            </ul>
            <ol> <!-- 轮播图的按钮 -->
                <li class="cur"></li>
                <li></li>
                <li></li>
            </ol>
        </div> <!-- 轮播图结束 -->
  </div><!-- 关于岭南结束 -->
</div>
```

CSS 样式如下：

```css
/* 关于岭南 */
.about{
  margin-top: 40px;
}
.about .thumb{
  width: 823px;
  height: 394px;
  overflow: hidden;
  position: relative;
}
.about .thumb ul {
  /* ul没有高度，里面的子元素又是浮动的，必然会引起格式混乱
  因此需要清除浮动 */
  overflow: hidden;
  width: 500%;
  /* 显示第一张图片，而不是复制的第三张图片 */
  margin-left: -100%;
```

```css
}
.about .thumb ul li{
  float: left;
  width: 823px;
  height: 394px;
}
.about .thumb ol{
  position: absolute;
  z-index: 2;
  bottom: 5px;
  left:50%;
  transform: translateX(-50%);
  margin: 0;
}
.about .thumb ol li {
  /* 使其变成行内块元素，就可以浮动一排显示 */
  display: inline-block;
  width: 10px;
  height: 10px;
  border-radius: 50%;
  background-color:#c9c9c9;;
  list-style: none;
  transition: all .3s;
  margin: 0 5px;
}
.about .thumb ol li.cur {
  background-color: #fff;
}
```

> **小贴士**
>
> 轮播图的布局方式是难点，要仔细想明白。

2. 右侧文本部分制作

在 .about 里，#banner 的下方，新建一个类为 aboutCon 的 div。在 .aboutCon 里新建一个类为 title 的 div，.title 的布局同前。在 .title 的下方新建一个类为 aboutTxt 的 div，在 div 里插入 p 标签，p 标签里是岭南介绍的文字。在最后一个 p 标签的结尾标签前插入一个 a 标签，为"点击查看详情"超链接。

HTML 结构如下：

```html
<!-- 关于岭南 -->
<div class="about d-flex">
    <div class="thumb" id="banner"> <!-- 轮播图 -->
        <!-- 前面已写，这里省略 -->
    </div>
    <div class="aboutCon"> <!-- 关于岭南的文字 -->
```

```html
<div class="title">关于岭南 <span>About LingNan</span></div>
        <div class="aboutTxt">
            <p>岭南,是我国南方五岭以南地区的概称,以五岭为界与内陆相隔。五岭由越城岭、都庞岭、萌渚岭、骑田岭、大庾岭五座山组成。现在提及岭南一词,特指广东、广西、海南、香港、澳门三省二区,亦即是当今华南区域范围。</p>
            <p>岭南文化是由本根文化(即语言认同文化)、百越文化(即固有的本土文化)、中原文化(即南迁的北方文化)、海外文化(即舶来的域外文化)四部分组成,其内涵丰富多彩。<a href="about.html">点击查看详情</a></p>
        </div>
    </div><!-- 关于岭南文字结束 -->
</div><!-- 关于岭南结束 -->
```

CSS 样式如下:

```css
.about .aboutCon{
  width: 325px;
  margin: 0 21px;
}
.about .aboutCon .aboutTxt{
  padding-top: 15px;
}
.about .aboutCon .aboutTxt p{
  text-indent: 2em;
  line-height: 32px;
  text-align: justify;
}
p a{
  color: #4B8AD9;
}
```

【步骤四】热门景点部分制作

热门景点部分上部是标题,下部是图片部分,图片部分的左侧是大图,右侧是四张小图。图片上有灰色的遮罩层,遮罩层上是景点分类,如图 10-5 所示。

图 10-5　热门景点部分效果图

1. 热门景点标题制作

在 .main 里，.about 的下方新建一个类为 spot 的 div。这是热门景点部分整体的 div。

在 .spot 里新建一个类为 titleBorder 的 div。在 .titleBorder 里新建一个类为 title 的 div，div 里写标题中文文字，在中文文字的后方插入一个 span 标签，span 标签里写标题英文文字。

HTML 结构如下：

```html
<div class="main">
  <!-- 前面已写，这里省略 -->
  <!-- 关于岭南 -->
  <div class="about d-flex">
        <!-- 前面已写，这里省略 -->
  </div><!-- 关于岭南结束 -->
  <div class="spot"><!-- 热门景点 -->
        <div class="titleBorder"><!-- 热门景点标题 -->
            <div class="title">热门景点 <span>Popular attractions</span>
        </div>
  </div><!-- 热门景点结束 -->
</div>
```

CSS 样式如下：

这里用到了 .titleBorder 这个带灰色下边框的通用样式，和带蓝色竖线的 .title 样式，均已在任务 8 步骤二中设置。

热门景点标题完成后如图 10-6 所示。

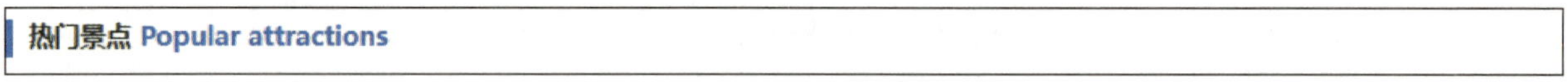

热门景点 Popular attractions

图 10-6　热门景点标题效果图

2. 插入热门景点图片部分的盒子

在 .titleBorder 下方插入一个弹性盒子，用来存放图片。

HTML 结构如下：

```html
<!-- 热门景点 -->
<div class="spot">
  <div class="titleBorder">
        <!-- 热门景点标题 -->
        <div class="title">热门景点 <span>Popular attractions</span></div>
  </div>
  <div class="d-flex d-f-between spotData"><!-- 热门景点图片 -->
  </div>
</div><!-- 热门景点结束 -->
```

CSS 样式如下（在 style.css 文件中添加）：

```css
/* 热门景点 */
.spotData{
  height: 400px;
}
```

热门景点主体是一个弹性盒子，d-flex 和 d-f-between 的样式已在任务 5 步骤二设置。

热门景点主体分为两部分，第一部分是左侧的大图，第二部分是右侧的四张小图。

3. 热门景点左侧的大图

左侧的大图是带链接可以点的图片，图片上有一个小遮罩层，遮罩层写着"红色景点"几个字。为了实现这个效果，我们在弹性盒子里新建一个类为 spotThumb 的 div，.spotThumb 里插入一个链接，链接里含一张图和一个类为 spotTitle hot 的 div，.spotTitle 设置成绝对定位，浮在图片上方。

HTML 结构如下：

```html
<div class="d-flex d-f-between spotData"><!-- 热门景点图片 -->
    <div class="spotThumb"><!-- 左侧大图 -->
        <a href="hotSpot.html">
            <img src="img/img1.png">
            <div class="spotTitle hot">红色景点</div>
        </a>
    </div><!-- 左侧大图结束 -->
</div><!-- 热门景点图片结束 -->
```

CSS 样式如下（在 style.css 文件中添加）：

```css
.spotThumb{
    margin-right: 20px;
    width: 530px;
    position: relative;/* 相对定位,以方便标题浮动在大图上方 */
}
.spotThumb a{
    outline: none;
}
.spotTitle{
    position: absolute;
    bottom: 0;
    width: 100%;
    height: 54px;
    line-height: 54px;
    text-align: center;
    color:#fff;
    font-size: 25px;
    background-color: rgba(0, 0,0, 0.3);
}
.spotTitle.hot{
    height: 82px;
    line-height: 82px;
    font-size: 32px;
}
```

热门景点左侧的大图完成后如图 10-7 所示。

图 10-7　热门景点左侧大图效果图

4. 热门景点右侧的小图

在左侧 .spotThumb 的后面新建一个类为 spotType 的 div，.spotType 内含一个 ul 列表，ul 列表里包含四张小图 li。列表 ul 设置成弹性盒子，让其内部的 li 可以自动对齐。li 内部结构同本任务四的 3 中的大图，也是超链接里包含一张图片和一个类为 spotTitle 的标题 div，.spotTitle 设置成绝对定位，浮在图片上方。

HTML 结构如下：

```html
<div class="d-flex d-f-between spotData"><!-- 热门景点图片 -->
  <div class="spotThumb"><!-- 左侧大图 -->
      <!-- 前面已写，这里省略 -->
  </div> <!-- 左侧大图结束 -->
  <div class="spotType"><!-- 右侧小图组 -->
      <ul class="d-flex d-f-between d-f-wrap d-f-col-between">
          <li>
              <a href="hotSpot.html">
                  <img src="img/img2.png">
                  <div class="spotTitle">自然风光</div>
              </a>
          </li>
          <li> <!-- 同上，省略 --></li>
          <li> <!-- 同上，省略 --></li>
          <li> <!-- 同上，省略 --></li>
      </ul>
  </div> <!-- 右侧小图组结束-->
</div><!-- 热门景点图片结束 -->
```

CSS 样式如下（在 style.css 文件中添加）：

```css
.spotType{
  flex: 1;/* 占据父元素全部剩下的部分  */
}
.spotType ul{
  height: 100%;
}
.spotType ul li{
  width: 309px;
```

```
    position: relative;/* 相对定位,以方便标题浮动在小图上方 */
    height: 195px;
}
.spotType ul li a{
    outline: none;
}
```

热门景点右侧的小图组完成后热门景点部分如图 10-5 所示。

【步骤五】旅游攻略和热门推荐部分制作

旅游攻略和热门推荐部分左部是旅游攻略部分,右部是热门推荐部分,如图 10-8 所示。

图 10-8　旅游攻略和热门推荐部分效果图

在 .main 里,.spot 的下方新建一个弹性盒子 div。这是旅游攻略和热门推荐部分整体的 div。

在弹性盒子 div 里新建一个类为 method 的 div 和一个类为 hot 的 div。.method 为旅游攻略,.hot 为热门推荐。

HTML 结构如下:

```
<div class="main">
    <!--公告、关于岭南省略-->
    <div class="spot"><!-- 热门景点 -->
        <!-- 前面已写,这里省略 -->
    </div><!-- 热门景点结束 -->
    <div class="d-flex d-f-between"><!-- 旅游攻略和热门推荐 -->
        <div class="method"><!-- 旅游攻略 -->
        </div><!-- 旅游攻略结束 -->
        <div class="hot"><!-- 热门推荐 -->

        </div><!-- 热门推荐结束 -->
    </div><!-- 旅游攻略和热门推荐结束 -->
</div>
```

CSS 样式如下（在 style.css 文件中添加）：

```
/* 旅游攻略 */
.method{
  flex:3;
  margin-right: 45px;
}
/* 热门推荐 */
.hot{
  flex:2;
}
```

> **小贴士**
>
> flex 的值指的是宽度占比，上面的 .method 和 .hot 同在一个父元素下，是兄弟元素，它们都设置了 flex 值，总值是 5，.method 占父元素总宽度的 5 份中的 3 份，.hot 占父元素总宽度的 5 份中的 2 份。

1. 旅游攻略部分

旅游攻略部分最上面是标题和查看更多链接，下面是攻略列表，每个攻略列表项左侧是图片，右侧包含攻略作者和攻略文字信息，如图 10-9 所示。

图 10-9　旅游攻略部分效果图

（1）完成旅游攻略标题和查看更多链接。

在 .method 里，新建一个类为 titleBorder 的 div。.titleBorder 为旅游攻略标题，是弹性盒子。

.titleBorder 在前面已经设置过，是一个灰色的带下边框的 div。而由于旅游攻略标题的内部还有标题和超链接两部分，所以还要给标题设置弹性盒子样式。

在 .titleBorder 里新建一个类为 title 的 div，和一个类为 more 的 div，.title 在前面已经设置过，.more 里面有一个超链接。

HTML 结构如下：

```html
<div class="method"><!-- 旅游攻略 -->
  <div class="titleBorder d-flex d-f-between"><!-- 旅游攻略标题 -->
      <div class="title">旅游攻略 <span>Tourism Strategy</span></div>
      <div class="more"><a href="">查看更多 ></a></div>
  </div><!-- 旅游攻略标题结束 -->
</div><!-- 旅游攻略结束 -->
```

CSS 样式如下（在 style.css 文件中添加）：

d-flex、d-f-between的样式已经在任务5步骤二设置，titleBorder和title的样式已在任务8步骤二设置。

```css
.titleBorder .more a{
  color:#4B8AD9;
}
```

旅游攻略标题完成后如图 10-10 所示。

图 10-10　旅游攻略标题效果图

（2）新建旅游攻略列表。

在 .method 里，.titleBorder 下方，新建一个类为 list 的 div。在 .list 里新建一个列表 ul，在 ul 里新建多个 li，除最后一个 li 外，每个 li 都带下虚线边框。整个 li 要能单击，因此在 li 中新建一个超链接 a，a 设置为弹性盒子，以方便内部元素的排列。内部元素包含左边图片和右边的用户名、内容等。由于超链接设置了弹性盒子，所以左右两边会自动分散对齐。

左侧图片做法：在超链接 a 里新建一个类为 methodThumb 的 div，div 内含一张图片。

右侧的用户名、文本等的做法：在超链接 a 里，.methodThumb 的后面新建一个类为 methodCon 的 div，在 .methodCon 内新建一个类为 methodTitle 的 div 和类为 methodTxt 的 div。.methodTitle 是第一行部分，.methodTxt 内为攻略文字。

在 .methodTitle 内新建一个类为 userInfo 的 div 和一个类为 btn 的 div。.userInfo 为居中对齐的弹性盒子，内含一张用户头像图片和一个类为 methodName 的用户名 div。.btn 为"达人推荐"按钮。

> **小贴士**
>
> 头像和用户名位置是集中的，它们是一个整体，这个整体和"达人推荐"按钮是分散对齐的，所以，头像和用户名放在一个 div 中，按钮放在另一个 div 中。

HTML 结构如下：

```
<div class="method"><!-- 旅游攻略 -->
  <div class="titleBorder d-flex d-f-between"><!-- 旅游攻略标题 -->
        <!-- 前面已写，这里省略 -->
  </div><!-- 旅游攻略标题结束 -->
  <div class="list"><!-- 旅游攻略列表 -->
    <ul>
        <li>
            <a href="methodDetail.html" class="d-flex d-f-between">
                <div class="methodThumb"><!-- 左侧图片 -->
                    <img src="img/img33.jpg" alt="">
                </div>
                <div class="methodCon"><!-- 右侧部分 -->
                    <div class="methodTitle d-flex d-f-between d-f-col-center"><!--抬头-->
                        <div class="userInfo d-flex d-f-col-center"> <!-- 用户信息 -->
                            <img src="img/avat.jpg" class="avat">
                            <div class="methodNam">小猫炒鱼</div>
                        </div>
                        <div class="btn">达人推荐</div><!-- 达人推荐按钮 -->
                    </div><!-- 抬头结束 -->
                    <div class="methodTxt"><!-- 正文 -->
                        我宣布这是香港景点线路最全的旅游攻略，老样子，先上旅游景点线路攻略。香港[经典一日游]香港星光大道-尖沙咀-太平山……
                    </div>
                </div><!-- 右侧部分结束 -->
            </a>
        </li>
        ……
    </ul>
  </div><!-- 旅游攻略列表结束 -->
</div><!-- 旅游攻略列表结束 -->
```

> **小贴士**
>
> 示范代码中只写了一个 li，其他的同理。

CSS 样式如下：

d-flex 和 d-f-between 的样式已在任务 5 步骤二设置。

这里有一个通用样式，设置的是按钮 .btn 的样式，这个样式以后还要多次用到，这里单独列出来。

```
.btn{
  background-color: #FFA149;
  border-radius: 15px;
```

```
    height: 30px;
    line-height: 30px;
    width: 88px;
    color:#fff;
    font-size: 12px;
    text-align: center;
}
```

其他 CSS 样式如下（在 style.css 文件中添加）：

```
.methodThumb{
    flex:1;  /* 占据父元素宽度的1份*/
    margin-right: 22px;
}
.methodCon{
    flex:2;  /* 占据父元素剩下宽度的2份*/
}
.userInfo{
    width: 180px;
}
.userInfo .avat{
    width: 43px;
    margin-right: 30px;
    border-radius: 50%;
}
.userInfo .methodName{
    font-weight: 600;
}
.methodTxt{
    padding-top: 20px;
    text-indent: 2em;
    line-height: 34px;
    color: #717171;
}
```

> **小贴士**
>
> （1）list 样式已在任务 8 步骤三中设置。
>
> （2）flex:1 和 flex:2 的意思表示占父元素宽度的比例。因为兄弟元素设置了 flex:2，因而这里的 flex:1 的意思不再是占据父元素剩下的全部宽度。
>
> （3）头像和用户名位置是集中的，它们是一个整体，这个整体和"达人推荐"按钮是分散对齐的，所以，头像和用户名放在一个 div 中，按钮放在另一个 div 中。

完成后的效果如图 10-9 所示。

2. 热门推荐部分

热门推荐在旅游攻略的右边，最上面是标题和查看更多超链接，下面是美食列表，每个美食列表项左侧是美食图片，右侧是美食介绍，如图 10-11 所示。

图 10-11　热门推荐部分效果图

（1）完成热门推荐标题和查看更多链接。

和旅游攻略标题及查看更多链接中的 HTML 和 CSS 完全相同，只是文字不同。直接把 HTML 代码拷贝到热门推荐的 div 中，文字改成"热门推荐 Hot"就可以用。

HTML 结构如下：

```
<div class="hot"><!-- 热门推荐 -->

  <div class="titleBorder d-flex d-f-between"><!-- 热门推荐标题 -->
      <div class="title">热门推荐 <span>Hot</span></div>
      <div class="more"><a href="">查看更多 ></a></div>
  </div><!-- 热门推荐标题结束 -->
</div><!-- 热门推荐结束 -->
```

（2）新建热门推荐列表。

在 .hot 里，.titleBorder 下方，新建一个类为 list 的 div。在 .list 里新建一个列表 ul，在 ul 里新建多个 li，在 li 中新建超链接 a。

小贴士

这里和本任务步骤五的（2）的 HTML 和 CSS 完全相同，只是文字不同。

左侧图片做法：在超链接 a 里新建一个类为 hotThumb 的 div，div 内含一张图片。

右侧文字做法：在 .hotThumb 的后面新建一个类为 hotCon 的 div，在 .hotCon 内新建一个类为 hotTitle 的 div 和类为 hotTxt 的 div。.hotTitle 是第一行部分，.hotTxt 内为美食文字。

HTML 结构如下：

```
<div class="hot"><!-- 热门推荐 -->
  <div class="titleBorder d-flex d-f-between"><!-- 热门推荐标题 -->
        <!-- 前面已写，这里省略 -->
  </div><!-- 热门推荐标题结束 -->
  <div class="list">
        <ul>
           <li>
                <a href="hotDetail.html" class="d-flex d-f-between">
                    <div class="hotThumb">
                        <img src="img/img5.jpg">
                    </div>
                    <div class="hotCon">
                        <div class="hotTitle">澳门水蟹粥</div>
                        <div class="hotTxt">
                        澳门水蟹粥是一款澳门特色菜品，制作原料主要有母梭子蟹、海蛎干、葱丝、姜丝等。
                        </div>
                    </div>
                </a>
           </li>
           <!-- 同上，省略 -->
        </ul>
  </div>
</div><!-- 热门推荐结束 -->
```

CSS 样式如下：

d-flex 和 d-f-between 的样式已在任务 5 步骤二设置。

```
.hotThumb{
  flex:1; /* 占据父元素宽度的1份*/
  margin-right: 20px;
}
.hotCon{
  flex:2; /* 占据父元素宽度的2份*/
}
.hotTxt{
  padding-top: 10px;
  line-height: 26px;
  color:#717171;
}
```

> **小贴士**
>
> 特色美食和旅游攻略布局和样式基本都是一样的，只有一些细节区别。

【步骤六】旅游服务部分制作

旅游服务部分上部是标题，下部是图文卡片，如图 10-12 所示。

图 10-12 旅游服务部分效果图

1. 旅游服务标题制作

在 .main 里，.spot 的下方新建一个类为 serve 的 div，这是旅游服务部分整体的 div。在 .serve 里插入一个类为 titleBorder 的 div，这个 div 为标题，结构同本任务步骤五旅游攻略的（1）中标题的结构。

HTML 结构如下：

```html
<div class="main">
  <div class="d-flex d-f-between"><!-- 旅游攻略和热门推荐 -->
        <!-- 前面已写，这里省略 -->
  </div><!-- 旅游攻略和特色美食结束 -->
  <div class="serve"> <!-- 旅游服务结束 -->
        <div class="titleBorder">
            <div class="title">旅游服务 <span>Tourism Services</span></div>
        </div>
  </div> <!-- 旅游服务结束 -->
</div>
```

本任务已做过同样的样式，相关样式已在前面设置和说明。

2. 旅游服务图文卡片制作

在 .serve 里，.titleBorder 的下方新建一个类为 serveList 的 div，在 .serveList 里插入 ul 和 li，每个 li 代表一个卡片项，里面有一个超链接，超链接里包含一张图片和一段介绍文字。

HTML 结构如下：

```html
<div class="serve"> <!-- 旅游服务 -->
  <div class="titleBorder">
        <!-- 前面已写，这里省略 -->
  </div>
  <div class="serveList">
        <ul class="d-flex d-f-between">
            <li>
                <a href="serve.html">
                    <img src="img/img6.jpg"/>
                    <div>购物 <span>Shopping</span></div>
                </a>
            </li>
            ……
```

```
        </ul>
    </div>
</div> <!-- 旅游服务结束 -->
```

CSS 样式如下：

```
/* 旅游服务 */
.serveList{
  margin-bottom: 30px;
}
.serveList ul li{
  margin-right: 20px;
  text-align: center;
  line-height: 50px;
  flex:1;
}
.serveList ul li a{
  outline: none;
}
.serveList ul li span{
  color:#4B8AD9;
}
.serveList ul li:last-child{
  margin-right: 0;
}
```

> **小贴士**
>
> （1）示范代码中只写了一个 li，其他的同理。
>
> （2）ul 是弹性盒子，如果它的内部只写一个 li，则这个 li 会占据整个版心的宽度，只有写了四个 li 之后，才能看到最终效果。

【步骤七】最新动态部分制作

最新动态部分上部是标题，下部是图文卡片，如图 10-13 所示。

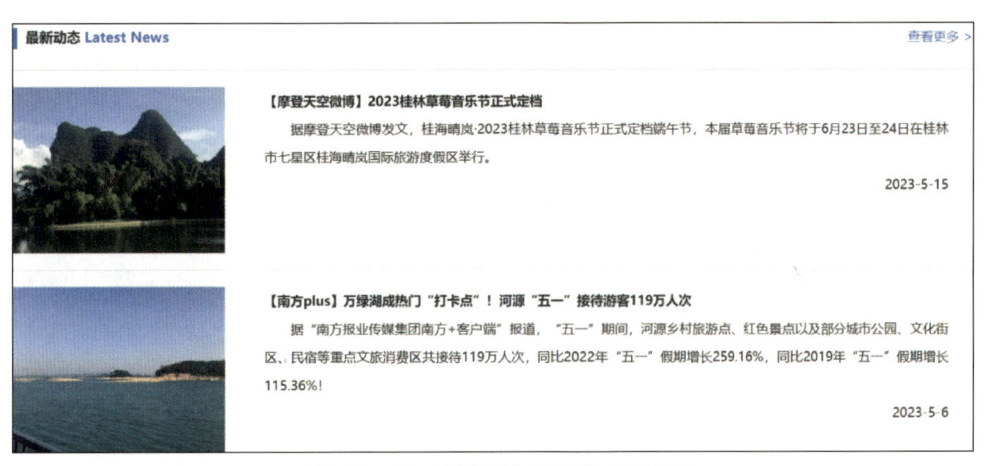

图 10-13　最新动态部分效果图

1. 最新动态标题制作

在 .main 里，.serve 的下方新建一个类为 news 的 div，这是最新动态部分整体的 div。在 .serve 里插入一个类为 titleBorder 的 div，这个 div 为标题，弹性盒子。"最新动态"文字和"查看更多"链接在 .titleBorder 里左右分散对齐。

HTML 结构如下：

```html
<div class="main">
    <div class="serve"><!-- 旅游服务-->
        <!-- 前面已写，这里省略 -->
    </div><!-- 旅游服务结束 -->
    <div class="news"> <!-- 最新动态-->
        <div class="titleBorder d-flex d-f-between">
            <div class="title">最新动态 <span>Latest News</span></div>
            <div class="more"><a href="news.html">查看更多 ></a></div>
        </div>
    </div> <!-- 最新动态结束 -->
</div>
```

本任务已做过同样的样式，相关样式已在前面设置和说明。

2. 最新动态列表制作

在 .news 里，.titleBorder 的下方新建一个类为 list 的 div，在 .list 里插入 ul 和 li，每个 li 代表一个新闻项，里面有一个超链接，超链接是弹性盒子，里面左边是新闻图片，右边是新闻标题、内容和日期。

HTML 结构如下：

```html
<div class="news"> <!-- 最新动态-->
    <div class="titleBorder d-flex d-f-between">
        <!-- 前面已写，这里省略 -->
    </div>
    <div class="list">
        <ul>
            <li>
                <a href="newDetail.html" class="d-flex d-f-between">
                    <div class="newsThumb">
                        <img src="img/img43.jpg">
                    </div>
                    <div class="newsDetail">
                        <div class="newsTitle">
                            【摩登天空微博】2023桂林草莓音乐节正式定档
                        </div>
                        <div class="newsDes">
                            据摩登天空微博发文，桂海晴岚·2023桂林草莓音乐节正式定档端午节，本届草莓音乐节将于6月23日至24日在桂林市七星区桂海晴岚国际旅游度假区举行。
                        </div>
                        <div class="newsTime">2023-5-15</div>
```

```
                </div>
            </a>
        </li>
        ......
    </ul>
</div>
</div> <!-- 最新动态结束 -->
```

CSS 样式如下：

```css
/* 最新动态 */
.newsThumb{
    width: 261px;
    margin-right: 20px;
}
.newsDetail{
    flex:1;
    line-height: 34px;
    padding:0 29px;
    text-align: justify;
}
.newsDes{
    text-indent: 2em;
}
.newsTitle{
    font-weight: 600;
}
.newsTime{
    text-align: right;
}
```

任务拓展

制作岭南文化网中主页，效果如图 10-14 所示。

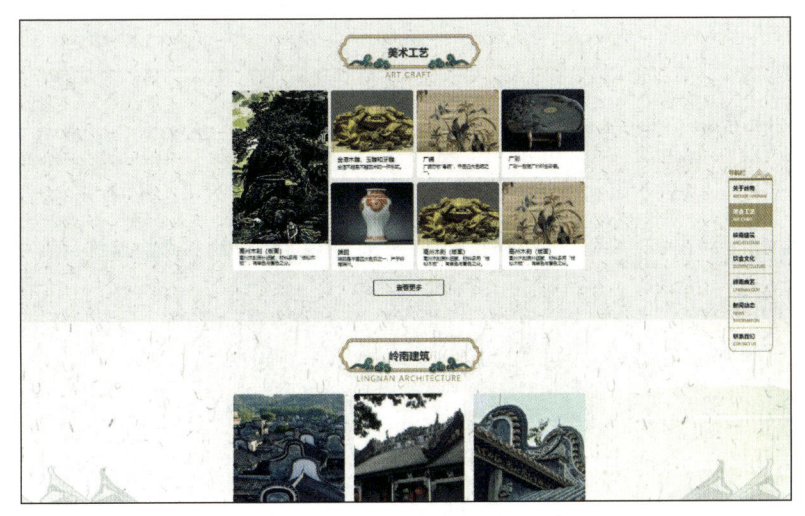

图 10-14　任务拓展效果图

知识点习题

1.（多选题）position 属性用于定义元素的定位模式，其常用属性值包括（　　）。

　　A. static　　　　　B. relative　　　　　C. absolute　　　　　D. fixed

2.（单选题）以下关于 position 的值说法正确的是（　　）。

　　A. position:absolute 是绝对定位，占据原有空间

　　B. position:fixed 是绝对定位，占据原有空间

　　C. position:relative 是相对定位，是相对于自身位置移动，但是不占据原有空间

　　D. position:relative 是相对定位，是相对于自身位置移动，但是占据原有空间

3.（单选题）在页面布局中通常要用到定位，CSS 中可以设置定位元素的垂直叠放次序的属性是（　　）。

　　A. list-style　　　　B. z-index　　　　C. flex　　　　D. box-sizing

4.（多选题）需要设置元素固定在可视窗口的右下角显示，需要定义的属性有（　　）。

　　A. position:absolute;　　　　　　　B. position:fixed;

　　C. right:0;　　　　　　　　　　　D. bottom:0

5.（判断题）使用 position 进行定位操作后，元素所拥有的浮动属性会失效。（　　）

任务11　网站轮播图特效

任务描述

在各类网站设计中，轮播图扮演着至关重要的角色。它不仅为网站增添了动态和活力，还通过展示广告、热门商品、企业文化等关键信息，吸引用户关注，具有视觉吸引、内容展示、营销推广和用户体验提升的作用，可实现信息的高效传递。

岭南旅游网首页轮播图的特效向用户展现了岭南地区独特的山水风光、历史建筑和民俗风情，传递了岭南文化的独特魅力与深厚底蕴。有助于增强用户对岭南文化的认同感和自豪感，促进中华优秀传统文化的传承与发展。首页轮播图如图11-1所示。

图 11-1 首页轮播图图

任务目标

掌握 JavaScript 获取和操作元素的方法。掌握定时器函数的语法和含义，掌握元素偏移量的用法和意义。能使用 JavaScript 制作首页轮播图，在制作的过程中体会程序高效的特点。

相关知识

11.1 获取元素

用户如果想要操作网站页面中的某个内容，例如控制一个 div 元素的显示或隐藏、修改 div 元素的内容等，需要先获取相应的元素，再对其进行操作。获取元素的常见方法有以下五种。

11.1.1 根据 id 名获取元素

语法：document.getElementById（"id 名"）；

返回值：元素对象或 null。

注意：getElementById 返回的是一个元素。示例代码：

```
<div class="thumb" id="banner">
<ul>
  <li>1</li>
  <li>2</li>
</ul>
```

```
<script>
  var banner=document.getElementById("banner");
</script>
```

11.1.2 根据标签名获取元素

语法：document.getElementsByTagName（"标签名"）；

返回值：元素对象集合（以伪数组形式存放）。

注意：根据标签名获取的是对象集合，即一组元素，需要通过数组访问的方法获取集合里的元素，即使对象集合中只有一个元素，也要通过数组访问的方法获取元素。

示例代码（HTML 结构示例同 11.1.1）：

```
var banner=document.getElementById("banner");
var ulList=banner.getElementsByTagName("ul");  //获取banner下的标签名为ul的所有元素
var ul=banner.getElementsByTagName("ul") [0];  //获取banner下的第一个ul标签元素
var liList=ul.children; //获取ul的所有子元素，即li元素
```

11.1.3 根据类名获取元素

语法：document.getElementsByClassName（"类名"）；

返回值：元素对象集合（以伪数组形式存放）。

示例代码（HTML 结构示例同 11.1.1）：

```
var divBoxList=document.getElementsByClassName("thumb");  //获取页面中类名为thumb的所有元素
var divBox=document.getElementsByClassName("thumb")[0];  //获取页面中类名为thumb的第一个元素
```

11.1.4 根据指定选择器获取第一个元素

语法：document.querySelector（"选择器"）；

返回值：元素对象。

和 CSS 选择器类似，使用".类名"书写的选择器表示类选择器，使用"#id 名"书写的选择器表示 id 选择器，使用"标签名"书写的表示标签选择器。

示例代码（HTML 结构示例同 11.1.1）：

```
var divBox=document.querySelector("div");  //获取页面中第一个div元素
var divBox1=document.querySelector(".thumb");  //获取页面中第一个类名为thumb的div元素
var divBox2=document.querySelector("#banner");//获取页面中第一个id名为banner的div元素
```

11.1.5 根据指定选择器获取所有元素

语法：document.querySelectorAll（"选择器"）；

返回值：元素对象集合（以伪数组形式存放）。

和 CSS 选择器类似，使用".类名"书写的选择器表示类选择器，使用"#id 名"书写的选择器表示 id 选择器，使用"标签名"书写的表示标签选择器。

示例代码（HTML 结构同 11.1.1）：

```
var divBox=document.querySelectorAll("div");//获取页面中所有div元素
var divBox1=document.querySelectorAll(".thumb");//获取页面中所有类名为thumb的div元素
var divBox2=document.querySelectorAll("#banner");//获取页面中所有id名为banner的div元素
```

11.2 操作元素

11.2.1 操作元素内容

操作元素内容的代码如下：

```
element.innerText：获取或设置某元素的内容（去除HTML空格和换行等格式）
element.innerHTML：获取或设置某元素的内容（保留HTML空格和换行等格式）
```

示例代码：

```
<div class="box">早上<b>好!</b></div>
<script>
  //1.获取元素
  var box = document.querySelector('.box');
  var image = document.querySelector('#image');
//2.操作元素，以弹窗方式输出。
  alert('innerHTML:'+box.innerHTML);
  alert('innerText:'+box.innerText);
</script>
```

innerHTML 和 innerText 的区别如图 11-2 所示。

图 11-2　innerHTML 和 innerText 的区别

11.2.2 操作元素属性

操作元素属性的代码如下：

元素对象.属性名 =" 值 ";

示例代码：

```
<img src="./img/fw1.jpg" alt="" id="image">
<script>
```

```
// 1.获取元素
var image = document.querySelector("#image");
// 2.操作元素属性
image.src = "./img/pic1.png";    //改变元素src属性的值
</script>
```

src 属性改变前和改变后如图 11-3 所示。

图 11-3 src 属性改变前和改变后

11.2.3 操作元素样式属性

操作元素样式的方法有以下几种：

1. 操作 style 属性

语法：元素对象 .style. 样式属性 =" 值 ";

例如：ul.style.transition = "all .3s";

2. 操作 className 属性

语法：元素对象 .className =" 值 ";

例如：this.className = "cur";

3. 操作 classList 属性

classList 属性是 HTML5 新增的属性，是一个只读属性，返回一个元素的类名列表。可用于添加、删除、检查、切换元素的类名。包括以下方法：add( )、remove( )、toggle( )、contains( )。

示例代码：

```
//CSS样式
  .cur{
        color: red;
  }
//HTML结构
<ul>
  <li>1</li>
  <li>2</li>
  <li>3</li>
</ul>

//js
<script>
  var ul = banner.getElementsByTagName("ul")[0]
  //classList修改样式
  ul.querySelector('.cur').classList.remove('cur');
  ul.children[1].classList.add('cur');
</script>
```

运行效果如图 11-4 所示。

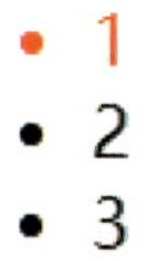

- 1
- 2
- 3

图 11-4　修改元素类后的效果

11.3　定时器函数

Window 对象提供了两种定时器，setTimeout( ) 和 setInterval( )。

11.3.1　setTimeout( ) 和 clearTimeout( ) 方法

setTimeout( ) 方法的功能是在定时器到期后执行调用函数。

语法规范：window.setTimeout（表达式/调用函数，延时时间）；window 可以省略，延时时间的单位为毫秒。

clearTimeout( ) 方法的功能是取消通过 setTimeout( ) 建立的定时器，需在定时器执行之前取消。

语法规范：window.clearTimeout（定时器标识符），window 可以省略。

示例代码：

```
<script>
  var btn = document.querySelector('button');
      setTimeout(function( ) {//延时2秒后在后台输出"时间到"
          console.log('时间到');
      }, 2000);
</script>
```

运行效果：2 秒后，控制台输"时间到"，且仅输出一次。

11.3.2　setInterval( ) 和 clearInterval( ) 方法

setInterval( ) 方法用于重复调用一个函数，每隔一段时间，就调用一次函数。

语法规范：window.setInterval（表达式/回调函数，延时时间）；window 可以省略，延时时间的单位是毫秒。

clearInterval( ) 方法用于取消先前通过调用 setInterval( ) 建立的定时器。

语法规范：window. clearInterval（定时器标识符）；window 可以省略。

以下 JavaScript 示例代码每隔一秒钟在后台输出一次"你好"：

```
timer=setInterval(function( ){
  console.log('你好');
},1000);
```

在页面中添加一个按钮，给按钮绑定 JavaScript 代码，单击按钮后，取消每隔一秒钟输出的功能。

```
<button>停止定时器</button>
<script>
  var btn = document.querySelector('button');
  //setTimeout(function( ) {
  //    console.log('时间到');
  // }, 2000);
```

```
var timer = setInterval(function( ) {
    console.log('你好');
}, 1000);

btn.onclick=function( ) {
    clearInterval(timer);
}
</script>
```

> **小贴士**
>
> btn.onclick 是 JavaScript 注册事件的操作，这部分内容会在 13.2 中详细讲解，这里大家会用即可。

11.4 元素的 offset 系列属性

offset 是偏移量，使用 offset 系列相关属性可以动态地得到某元素的位置（偏移）、大小等，如表 11-1 所示。

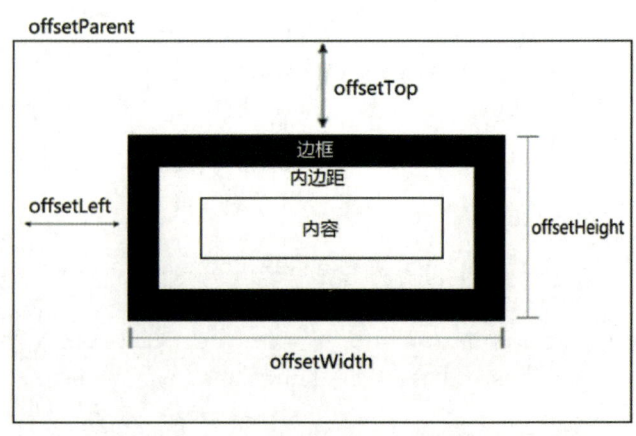

表 11-1　offset 系列属性

offset 系列属性	作用
element.offsetParent	返回作为该元素带有定位的父级元素，如果父级都没有定位则返回 body
element.offsetTop	返回元素相对带有定位父元素上方的偏移
element.offsetLeft	返回元素相对带有定位父元素左边框的偏移
element.offsetWidth	返回自身包括 padding、边框、内容区的宽度，返回数值不带单位
element.offsetHeight	返回自身包括 padding、边框、内容区的高度，返回数值不带单位

通常可以用 offsetWidth 和 offsetHeight 获得元素自身的大小（宽度、高度）。需要注意的是 offset 系列返回的数值都不带单位。offset 属性具体作用如图 11-5 所示。

offset 系列注意事项：

（1）offsetTop 和 offsetLeft 是距离定位父元素顶部、左边框的偏移；如果没有父元素或者父元素没有定位，以 body 为准。

（2）offsetWidth 和 offsetHeight 包含内边距、边框和元素宽度（即 padding+border+width），通过 offsetWidth 和 offsetHeight 属性，可以动态地获取元素的宽度和高度。需要注意的是 offsetWidth 和 offsetHeight 是只读属性，

图 11-5　offset 系列属性

只能获取不能赋值。

（3）offsetParent 返回带有定位的父元素，父元素没有定位或没有父亲，就继续往上一级找，都没有定位，就返回 body。

任务实施

【步骤一】轮播图特效 HTML 结构和 CSS 样式

轮播图的 HTML 结构和 CSS 样式已在任务 10 中任务实施的【步骤三】中完成。

【步骤二】轮播图特效 JavaScript 代码

1. 在网站中新建 index.js 文件

图 11-6 所示为新建 index.js 文件。

图 11-6　新建 index.js 文件

2. 编写入口函数

在 index.js 文件里编写入口函数，代码如下：

```
window.onload = function( ) {//入口函数
    //实现代码写在这里
}
```

> **小贴士**
>
> 入口函数的功能是等页面 DOM 加载完毕之后，再执行函数里的代码。

3. 获取元素和初始化变量

在入口函数里写如下代码：

```
//轮播图特效
var banner = document.getElementById("banner");  //根据id名获取轮播图div的元素
var w = banner.offsetWidth;  //获取轮播图的宽度
var ul = banner.getElementsByTagName("ul")[0];  //根据标签名获取轮播图下的ul元素集合的第一个ul对象
var liList = banner.getElementsByTagName("ul")[0].children;  //获取ul元素集合的第一个ul对象的所有子元素
var ol = banner.getElementsByTagName("ol")[0];  //根据标签名获取ol集合的第一个ol对象
var index = 0;
var timer = null;
```

4. 设置定时器

在步骤二的第 3 点后面接着写如下代码：

```
timer = setInterval(function( ){
//轮播图移动特效
},3000)
```

5. 实现图片轮流播放的功能

平滑滚动原理：通过 banner.offsetWidth 可以获取到轮播图片的宽度，每隔一定时间，将图片向左移动自身图片的宽度，当前轮播图位置就替换为下一张图片，如图 11-7 所示。

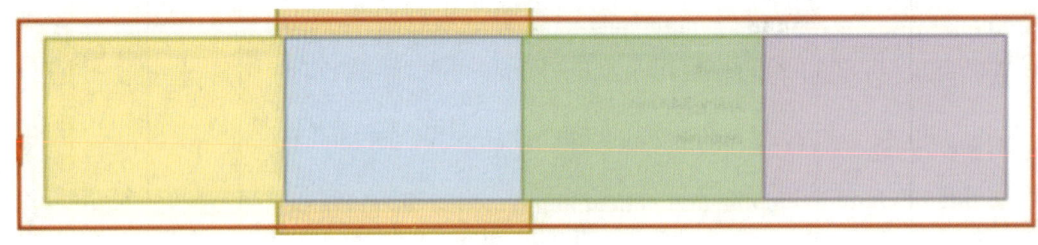

图 11-7　平滑滚动轮播图轮播的原理

代码如下：

```
timer = setInterval(function( ){
  //轮播图移动特效
  index++;
  if(index>=liList.length-2){
      index = 0
  }
  var translateX = -index * w;  //向左移动图片的宽度
  // 添加动画效果
  ul.style.transition = 'all .3s';
  ul.style.transform = 'translateX(' + translateX + 'px)';
  //轮播图小圆点特效：
  ol.querySelector('.cur').classList.remove('cur');
  // 让当前索引号的li加上cur类名
  ol.children[index].classList.add('cur');
},3000)
```

6. 鼠标移到图片上时轮播停止

为了让用户仔细查看图片，鼠标移到轮播图上时，轮播应该停止。为了实现这个功能，要给轮播图绑定一个鼠标悬停事件，在事件里清除 5 中定义的定时器 timer。

鼠标从轮播图移开时，轮播应该继续。为了实现这个功能，要给轮播图绑定一个鼠标移开事件，在事件里再次定义定时器 timer。

代码如下：

```javascript
window.onload = function( ) {//入口函数
    //实现代码写在这里
    //前面已写，这里省略
    banner.onmouseover=function( ){
        clearInterval(timer);
    }
    banner.onmouseout=function( ){
        timer = setInterval(function( ){
            //轮播图移动特效
            index++;
            if(index>=liList.length-2){
                index = 0
            }
            var translateX = -index * w; //向左移动图片的宽度
            // 添加动画效果
            ul.style.transition = 'all .3s';
            ul.style.transform = 'translateX(' + translateX + 'px)';
            //轮播图小圆点特效：
            ol.querySelector('.cur').classList.remove('cur');
            // 让当前索引号的li加上cur类名
            ol.children[index].classList.add('cur');
        },3000)
    }
}
```

> **小贴士**
>
> 轮播图的鼠标移开事件里的代码和步骤二中的 5 以及 6 中的代码完全一样，也可以把这部分代码封装到一个函数里，直接调用函数即可，就不用把所有代码再写一遍。

任务小结

（1）获取元素的方法需要注意 getElementById( )、querySelector( ) 返回的是一个元素，getElementsByTagName( )、getElementsByClassName( )、querySelectorAll( ) 返回的是一组元素，以伪数组的形式存放，通常是用数组下标方法访问某个元素或数组遍历方法访问获取的一组元素。

（2）setTimeout( )是定时器到期后执行调用函数，通常执行一次；setInterval( )方法是每隔某个时间，去调用一次回调函数，需要反复执行。

知识点习题

1.（单选题）javascript怎样将一个checkbox设为无效，假设该checkbox的id为checkAll。（　　）

A. document.getElementById（"checkAll"）.enabled = false;

B. document.getElementById（"checkAll"）.disabled = true;

C. document.getElementById（"checkAll"）.enabled = true;

D. document.getElementById（"checkAll"）.disabled = "disabled";

2.（多选题）下列属于JavaScript中document方法的是（　　）。

A. getElementById　　　　　　　　B. getElementsById

C. getElementsByTagName　　　　　D. getElementsByClassName

3.（单选题）HTML页面中包含如下标签，下列选项中能够实现隐藏该图片功能的语句是（　　）。

`<img id="pic" src="Sunset.jpg" width="400" height="300">`

A. document.getElementById（"pic"）.style.display="visible";

B. document.getElementById（"pic"）.style.display="disvisible";

C. document.getElementById（"pic"）.style.display="block";

D. document.getElementById（"pic"）.style.display="none";

4.（多选题）JavaScript中有关定时器说法正确的是（　　）。

A. window.setTimeout（回调函数,时间）中，window可以省略

B. setTimeout（回调函数,时间）中，时间单位是毫秒

C. setTimeout( )方法是在定时器时间到期后执行调用函数；setInterval( )方法用于重复执行调用函数，即每隔一段时间，就执行一次调用函数。

D. clearTimeout( )方法的功能是取消通过setTimeout( )建立的定时器，需在定时器执行之前取消。

5.（判断题）在JavaScript中，document.getElementById返回一组元素。（　　）

6.（判断题）使用入口函数后，JavaScript代码可以写在DOM结构之前。（　　）

任务12　公告栏滚动特效

任务描述

在网站设计中，增加公告栏滚动特效能够为网站增添活力，提升用户的浏览体验。

岭南旅游网站公告栏通过滚动特效，能够高效、有序地展示岭南地区的旅游资讯、活动预告、政策解读等内容。这一特效不仅让游客在浏览过程中轻松获取最新信息，也增强了网站的互动性和用户体验。

公告栏滚动特效是传递信息、传播正能量的重要载体。具体效果如图12-1所示。

图12-1　首页公告栏滚动效果图

任务目标

掌握元素的client系列属性和scroll系列属性。掌握滚动实现的原理。能使用JavaScript制作公告栏滚动特效，使用特效让用户更好地接收信息。

相关知识

12.1　元素的client系列属性

通过元素可视client系列的相关属性可以动态地得到该元素的边框大小、宽度等，如表表12-1所示。

表12-1　client系列属性

client系列属性	作用
element.clientTop	返回元素上边框的大小
element.clientLeft	返回元素左边框的大小
element.clientWidth	返回元素包括padding、内容区的宽度，不含边框，返回数值不带单位
element.clientHeight	返回元素包括padding、内容区的高度，不含边框，返回数值不带单位

clientWidth 和 clientHeight 属性表示元素的内部宽度和高度,该属性包括内边距,但不包括垂直滚动条(如果有)、边框和外边距,如图 12-2 所示。

clientWidth= 元素内容区宽度 width+ 左右 padding

clientHeight= 元素内容区高度 height+ 上下 padding

图 12-2 clientWidth 和 clientHeight

> **小贴士**
>
> clientWidth 和 clientHeight 与 11.4 中讲的 offsetWidth 和 offsetHeight 都可以获取元素的宽和高,区别在于,client 系列获取的宽和高是不含边框的,而 offset 系列获取的宽和高是含边框的。

12.2 元素的 scroll 系列属性

scroll 系列相关属性可以动态得到元素内容的大小和滚动距离等。如表 12-2 所示。

表 12-2 元素 scroll 系列

scroll 系列属性	作用
element.scrollWidth	返回自身内容的实际宽度(包括超出盒子的部分),不含边框,不带单位
element.scrollHeight	返回自身内容的实际高度(包括超出盒子的部分),不含边框,不带单位
element.scrollTop	获取或设置内容被卷去的上侧距离,返回值不带单位(可读写属性)
element.scrollLeft	获取或设置内容被卷去的左侧距离,返回数值不带单位(可读写属性)

scrollWidth 和 scrollHeight 属性返回的是元素内容的宽、高值,包括溢出后超出元素盒子的部分。

element.scrollTop 和 scrollLeft 属性返回的是元素被卷去的顶端和左侧距离,如图 12-3 所示。

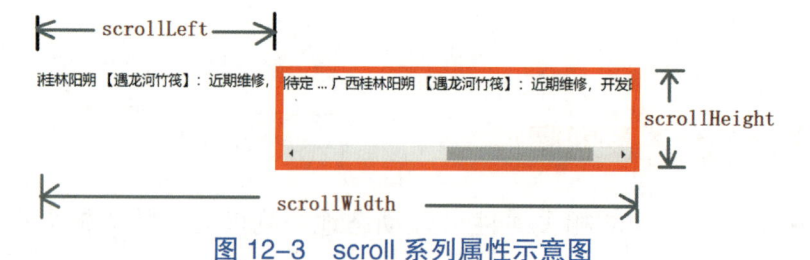

图 12-3 scroll 系列属性示意图

> **小贴士**
>
> (1)scrollWidth、scrollHeight 和 clientWidth、clientHeight、offsetWidth、offsetHeight 的区别在于,scroll 系列的宽、高考虑了超出元素的部分,而 client 系列和 offset 系列只反映元素的宽、高,超出元素的部分不考虑。
>
> (2)scrollTop 和 scrollLeft 这两个属性是"可读写"属性,既可以获取也可以设置对应的值。

示范代码：

```html
<style>
div {
  width: 400px; height: 100px; border: 10px solid red;
  overflow: auto;    white-space: nowrap;
}
</style>
<div>
  广西桂林阳朔【遇龙河竹筏】：近期维修，开发时间待定
  广西桂林阳朔【遇龙河竹筏】：近期维修，开发时间待定
</div>
<script>
  var div = document.querySelector('div');
  //滚动之前
  console.log("scrollWidth:"+div.scrollWidth);
  console.log("clientWidth:"+div.clientWidth);
  console.log("scrollLeft:"+div.scrollLeft);
  // scroll滚动事件：当滚动条发生变化时触发的事件
  div.addEventListener('scroll', function() {
    //滚动之后
    console.log("scrollWidth:"+div.scrollWidth);
    console.log("clientWidth:"+div.clientWidth);
    console.log("scrollLeft:"+div.scrollLeft);
  })
</script>
```

运行结果如图 12-4 所示（scrollWidth 和 clientWidth）。

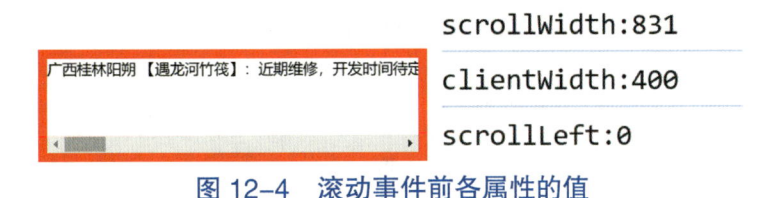

图 12-4 滚动事件前各属性的值

触发滚动事件后，运行结果如图 12-5 所示（scrollLeft）。

图 12-5 滚动事件后各属性的值

12.3 滚动特效的实现原理

首先将需要滚动的内容复制一份，待滚动的文字放入左右两个盒子里（例如本任务中 id 为 scroll_begin 和 scroll_end 的元素），以 inline-block 行内元素形式在一行显示。其父盒子（id 为 scroll_div 元素）设置为溢出隐藏的样式。父盒子（id="scroll_div"）的 scrollLeft 距离相当于滚动时被卷出左侧的距离。每执行一次定时器，scrollLeft 距离就加 1，就形成了文字滚动

效果。

如果父盒子被卷出左侧的距离（scrollLeft）超过了左右盒子文字内容的实际宽度，就将 scrollLeft 值重置为 0，即从头开始，实现了循环显示的效果。

任务实施

【步骤一】公告栏滚动特效 HTML 结构

公告栏的 HTML 结构在任务 10 中任务实施的【步骤二】已完成（index.html），为了实现 JavaScript 特效，在 HTML 结构中加上一个 div，给 ul 标签加上类和 id，代码如下：

```html
<div class="noticeList">
    <div class="scroll_div" id="scroll_div">
        <ul class="d-float-clear" id="scroll_begin">
            <li>广西桂林阳朔【遇龙河竹筏】：近期维修，开发时间待定</li>
            <li>广西桂林阳朔【遇龙河竹筏】：近期维修，开发时间待定</li>
            <li>广西桂林阳朔【遇龙河竹筏】：近期维修，开发时间待定</li>
            <li>广西桂林阳朔【遇龙河竹筏】：近期维修，开发时间待定</li>
        </ul>
        <div id="scroll_end"></div>
    </div>
</div>
```

【步骤二】公告栏滚动特效 CSS 样式

在 style.css 文件中添加公告栏滚动特效 CSS 样式，代码如下：

```css
/* 公告栏滚动样式 */
.scroll_div {
  white-space:nowrap;
  overflow:hidden;
}
#scroll_begin li,#scroll_end li{
  margin:0 20px;
  display:inline-block;
}
```

【步骤三】公告栏滚动 JavaScript 代码

在 index.js 文件的入口函数里接着写如下代码：

1. 获取需要的元素

```javascript
//公告栏滚动特效
var speed = 50;   //定时器重复执行的间隔时间
var scroll_begin = document.getElementById("scroll_begin");
var scroll_end = document.getElementById("scroll_end");
var scroll_div = document.getElementById("scroll_div");
```

2. 复制滚动文字到 id 为 scroll_end 的元素中

```
scroll_end.innerHTML=scroll_begin.innerHTML;
```

3. 实现滚动功能函数

```
function Marquee( ) {// scrollLeft每次距离加1,形成文字滚动效果
  scroll_div.scrollLeft++;
  //被卷出的距离等于或超出右侧盒子存放的文字内容时
  if(scroll_end.offsetWidth - scroll_div.scrollLeft <= 0) {
        scroll_div.scrollLeft =0;
  }
}
```

4. 设置定时器

```
var myMar=setInterval(Marquee,speed);
scroll_div.onmouseover =function( ) {//鼠标悬停时,滚动停止
  clearInterval(myMar); //停止计时器
}
croll_div.onmouseout=function( ) {//鼠标离开公告栏时,滚动又开始
  myMar=setInterval(Marquee,speed);   //每隔一定时间,执行滚动函数Marquee
}
```

任务小结

scrollWidth 和 scrollHeight 返回内容的实际宽、高,包括溢出后超出部分的宽、高。而 clientWidth、clientHeight 和 offsetWidth、offsetHeight 只反映自身元素的宽、高,超出部分的实际宽、高不考虑。

scrollTop 和 scrollLeft 是元素滚动时被卷去的高度和宽度,这两个属性是"可读写"属性,既可以获取也可以设置对应的值。

知识点习题

1.（判断题）scrollTop 和 scrollLeft 是只读属性。　　　　　　　　　　（　　）

2.（判断题）scrollWidth 和 scrollHeight 是只读属性。　　　　　　　　（　　）

3.（判断题）scrollWidth 不包括溢出后超出元素的宽度。　　　　　　　（　　）

4.（判断题）offsetHeight 只反映自身元素的宽、高,超出部分的实际宽、高不考虑。
　　　　　　　　　　　　　　　　　　　　　　　　　　　　　　　　（　　）

5.（判断题）client 系列获取的宽、高是不含边框的,而 offset 系列获取的宽、高是含边框的。　　　　　　　　　　　　　　　　　　　　　　　　　　　　（　　）

任务13 图片展示特效

任务描述

网站中,图片展示和大图展示切换特效可以提升用户的浏览体验和网站的互动性。在岭南旅游网站热门景点详情页(任务6复杂详情页)中,用户单击"查看所有图片"图标时,页面显示当前图片的大图,并可以通过左右箭头切换图片。

图片展示切换大图特效为用户提供了一个便捷且沉浸式的视觉体验。这种交互特效的加入可以优化网页布局,使图片展示不再单调乏味,而是充满了动感和趣味性。用户在浏览网站时,通过简单的单击操作,即可欣赏到丰富的高清大图所呈现的岭南美景。也让用户感受到岭南人民的勤劳和智慧,创造了丰富多彩的岭南文化。具体效果如图13-1所示。

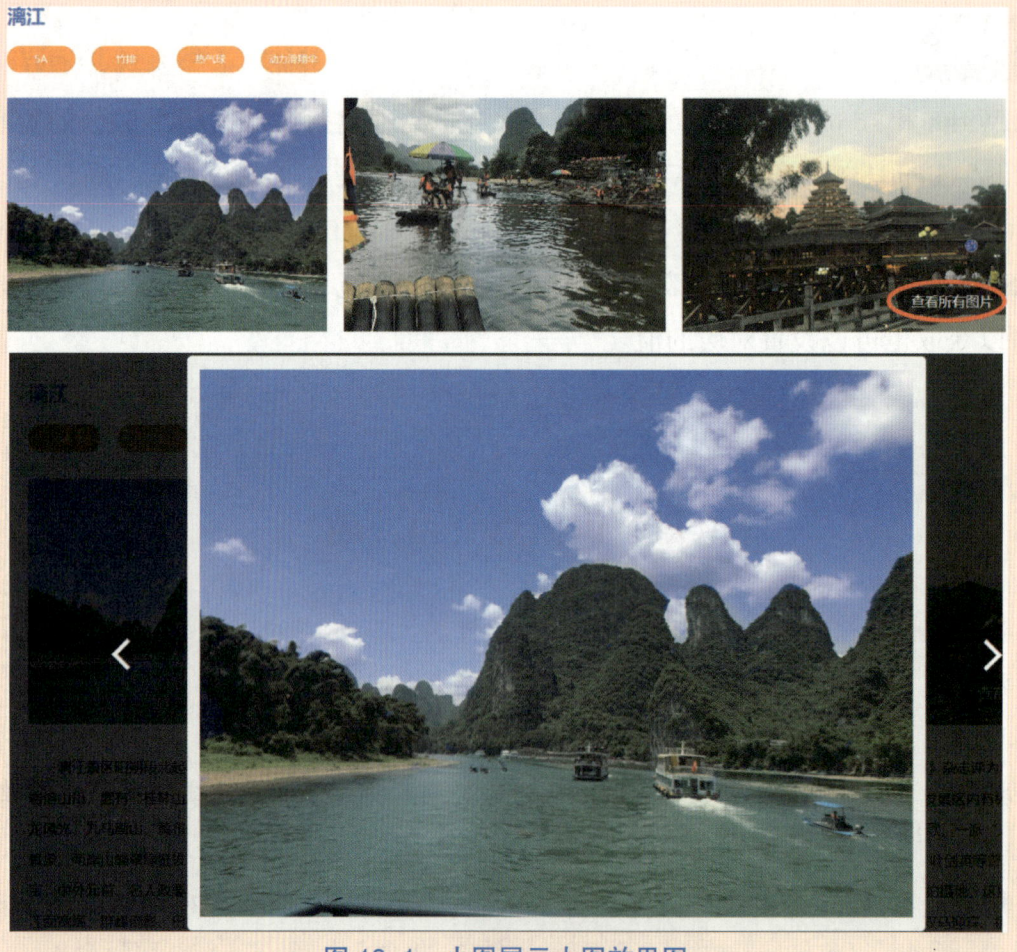

图 13-1 小图展示大图效果图

> **任务目标**
>
> 掌握事件响应的过程，掌握注册事件的 3 种方法，掌握事件捕获和冒泡的原理。能使用 JavaScript 获取和设置元素宽度。能综合运用各项技能制作图片展示特效。掌握网页整体与局部的关联。

相关知识

13.1 事件响应的概念

事件响应是指在 JavaScript 脚本中定义事件处理程序来响应用户的动作，实现更具交互性，动态性的页面。常用的事件如下：

鼠标单击事件（onclick）、鼠标经过事件（onmouseover）、鼠标移开事件（onmouseout）

鼠标被按下（onmousedown）、鼠标弹起（onmouseup）、光标聚焦事件（onfocus）

失焦事件（onblur）、内容选中事件（onselect）、文本框内容改变事件（onchange）

加载事件（onload）、卸载事件（onunload）。

13.2 注册事件的三种方法

13.2.1 传统式

传统注册事件的方法具有唯一性，即同一个元素同一个事件只能设置一个处理函数。通常执行最后一次调用的函数。

语法：事件源 . 事件 =function( ){// 执行代码 }

13.2.2 监听式

使用监听注册事件的方法，则同一个元素同一个事件可以执行多个事件处理程序，按注册顺序依次执行。

语法：事件源 .addEventListener（'click', function( ) { // 执行代码 }）

注意：addEventListener( ) 是一个方法，里面的事件类型是字符串，需加引号且不带 on。

13.2.3 事件和调用函数写在标签里

除了上述的方法外，也可以在标签里注册事件。

语法：< 标签 事件 =" 函数名 ( )">

13.2.4 示例代码

以上三种方法的示例代码如下：

```
<button>1传统注册事件</button>
<button>2监听注册事件</button>
<button onclick="show( )">点击</button>
<script>
  var btns=document.getElementsByTagName("button");
  //13.2.2.1传统式
  btns[0].onclick = function( ) {
        alert('传统1');   //不执行
  }
  btns[0].onclick = function( ) {
        alert('传统2');   //执行
  }
  //13.2.2.2.监听式
  btns[1].addEventListener('click', function( ) {
        alert('监听1');   //执行
  })
  btns[1].addEventListener('click',function( ){
        alert('监听2');   //执行
  })
  //13.2.2.3.写在标签里
  function show( ) {
        alert('事件方法3--事件绑定在标签里')...
  }
</script>
```

13.3 获取和设置元素宽度

13.3.1 offsetWidth 属性

offset 系列在 11.4 已经做了详细的介绍。其中：

offsetWidth=width+ 左右 padding+ 左右 border

offsetHeight=height+ 上下 padding+ 上下 border

13.3.2 clientWidth 属性

元素可视 client 系列的相关属性在 12.1 中有详细介绍，此处不再赘述。

13.3.3 innerWidth 属性

innerWidth 属性是 window 对象下的属性，表示窗口中文档显示区域的宽度，同样不包括边框。该属性可读可写。例如：

var w=window.innerWidth;

window.innerWidth=×××;

13.4 事件的捕获和冒泡

13.4.1 事件流三阶段

事件流是指页面接收事件的顺序，即事件发生在元素节点之间按照特定的顺序传播，这个传播过程就是 DOM 事件流。

事件流分为三个阶段：捕获阶段、目标阶段、冒泡阶段，如图 13-2 所示。

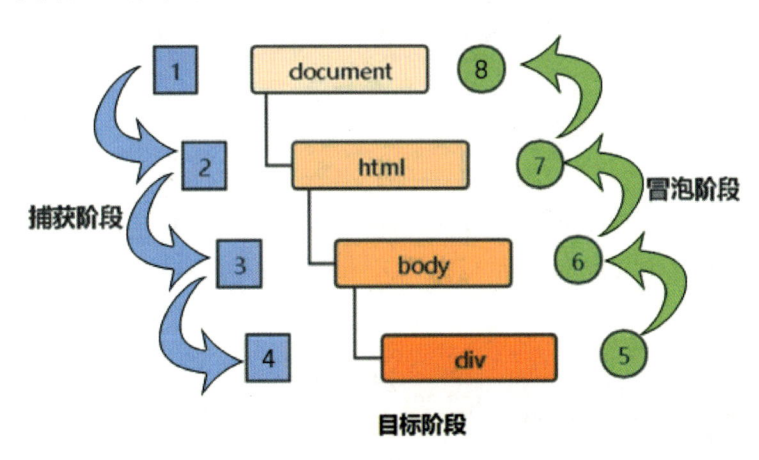

图 13-2　事件流三阶段

13.4.2 事件捕获和事件冒泡的区别

事件捕获：由 DOM 最顶层节点开始，然后逐级向内部元素传播，直到目标元素。

例如：document –> html –> body –> div

目标阶段：到达的具体元素

事件冒泡：从目标元素开始，逐级向外层元素传播，直到达到最外层的元素。例如：

div –> body –> html –> document

示例代码：

```
<div class="father">
   <div class="son"></div>
</div>
<script type="text/javascript">
  var father = document.querySelector('.father');
  var son = document.querySelector('.son');
  // 捕获阶段
  // addEventListener 当参数是true,处于捕获阶段,即从外层到内层
  //先 document -> html -> body -> father -> son
  // 当单击son时,先弹出father,再弹出 son
  son.addEventListener('click', function( ) {
       alert('son')
  },true)
  father.addEventListener('click', function( ) {
       alert('father')
  }, true)
```

```
//冒泡阶段
//当addEventListener 参数是false或不写，处于冒泡阶段，即从内往外传播
//执行顺序：son -> father -> body -> html -> document
//当单击son时，先弹出son，再弹出 father
son.addEventListener('click', function( ) {
alert('son')
}, false)

father.addEventListener('click', function( ) {
    alert('father')
}, false)
</script>
```

运行结果：

（1）捕获阶段：当单击 son 时，先弹出 father，再弹出 son。

（2）冒泡阶段：当单击 son 时，先弹出 son，再弹出 father。

13.4.3 阻止事件冒泡

阻止事件冒泡：e.stopPropagation( )

使用方法：想要从哪个节点开始阻止事件冒泡，就将该语句放到哪个事件处理程序里面。比如：e.stopPropagation( );添加在 son 元素上面，当单击 son 时，其外层的父元素的事件就都不会冒出来；如果 father 外层面也有父元素且不想让相关的事件冒出来，同样需要在 father 上添加 e.stopPropagation( );。

> **小贴士**
>
> （1）JavaScript 只能执行捕获或冒泡的其中一个阶段。
> （2）onclick 只能得到冒泡阶段。
> （3）addEventListener（type, listener[, useCapture]）第三个参数如果是 true，表示在事件捕获阶段调用事件处理程序；如果是 false（或不写），表示在事件冒泡阶段调用事件处理程序。

任务实施

【步骤一】图片展示特效 HTML 结构

在 spotDetail.html 页面找到"查看所有图片"的 span 标签，给标签设置 id，HTML 结构如下：

```
<span id="showAllImage">查看所有图片</span>
```

在 spotDetail.html 中页面的末尾添加预览图的代码，HTML 结构如下：

```
<body>
<!-- 前面已写，这里省略 -->
```

```html
<!-- 预览图 -->
<div class="preview-img">
    <div class="container">
        <!-- 显示的大图 -->
        <img src="../images/preview_default.png" alt="">
        <!-- 按钮 -->
        <div class="btnPic leftBtn" id="leftBtn"></div>
        <div class="btnPic rightBtn" id="rightBtn"></div>
    </div>
</div>
</body>
```

【步骤二】图片展示特效 CSS 样式

在 style.css 文件中添加图片展示特效 CSS 样式，代码如下：

```css
/* 图片展示特效样式 */
/* 预览图 */
.preview-img {
  display: none;
  text-align: center;
  width: 100%;
  height: 100%;
  position: fixed;
  left: 0;
  top: 0;
  z-index: 100;
  background-color: rgba(0,0,0,0.8);
}
/* 容器 */
.preview-img .container {
  max-width: 90%;
  position: absolute;
  padding: 15px;
  background-color: #f9f9f9;
  border-radius: 5px;
}
/* 大图显示 */
.preview-img .container img {
  max-width: 100%;
  background-size: contain/cover;
}
/* 按钮 */
.preview-img .container .btnPic{
  position: absolute;
  top:50%;
  width: 20px;
  height: 20px;
  border:5px solid #fff;
  border-top:none;
```

```
  border-left:none;
  transform: translateY(-50%);
  background-color: transparent;
}
.preview-img .container .leftBtn{
  left:-80px;
  transform: rotate(135deg);
}
.preview-img .container .rightBtn{
  right:-80px;
  transform: rotate(-45deg);
}
```

【步骤三】图片展示特效 JavaScript 代码

1. 在网站中新建 spotDetail.js 文件

图 13-3 所示为新建 spotDetail.js 文件。

图 13-3 新建 spotDetail.js 文件

2. 编写入口函数

在 spotDetail.js 文件里编写入口函数，代码如下：

```
window.onload = function( ) {//入口函数
  //实现代码写在这里
}
```

3. 获取页面元素

在 spotDetail.js 文件的入口函数里接着写以下代码：

```
window.onload = function( ) {//入口函数
  //实现代码写在这里
  //展示的图片文件
  var srcArr = [
        "img/img8.jpg",
        "img/img17.jpg",
```

```
    "img/img40.jpg"
]
var showAllImgBtn=document.getElementById("showAllImage");//获取查看所有图片按钮
var mBody = document.querySelector("body");// 获取body
var previewImg = document.querySelector(".preview-img");// 获取预览图
//获取预览图显示区域
var mContainer = document.querySelector(".preview-img .container");
var mImg = document.querySelector(".preview-img .container img");// 获取显示图片
var leftBtn = document.getElementById("leftBtn");//获取左按钮
var rightBtn = document.getElementById("rightBtn");//获取右按钮
var index=0;//设置索引值
}
```

4. 给"查看所有图片"按钮绑定单击事件

```
showAllImgBtn.onclick=function( ){
    showPreviewImg(0);
};
```

5. 设置预览图大小

在 spotDetail.js 文件的入口函数里接着写以下代码：

```
function setPreviewImgWH( ) {
    let windowWidth = window.innerWidth; // 获取当前窗口宽度
    let windowHeight = window.innerHeight; // 获取当前窗口高度
    if(windowWidth < windowHeight) {// 判断当宽度小于高度时，使用宽度
        // 设置图片宽高
        mImg.style.width = windowWidth * 0.8 + "px";
        mImg.style.height = "auto";
    } else {
     // 设置图片宽高
        mImg.style.height = windowHeight * 0.8 + "px";
        mImg.style.width = "auto";
    }
}
```

6. 显示预览图

在 spotDetail.js 文件的入口函数里接着写以下代码：

```
function showPreviewImg(index) {
    let url = srcArr[index]// 设置图片路径
    mImg.setAttribute("src", url);
    previewImg.style.display = "flex";// 设置为弹性布局
    previewImg.style.justifyContent = "center";
    previewImg.style.alignItems = "center";
    // 设置预览图大小
    setPreviewImgWH( );
    // 当弹出预览图时下面不允许滚动
    mBody.style.overflow = "hidden"
}
```

7. 预览图上单击事件取消冒泡

在本结构中，<div class="container"> 的父元素为 <div class="preview-img">，container 和 preview-img 均有单击事件，按事件流冒泡原则，当单击 container 的 div 时，其父元素的单击事件也会冒出来，为避免父元素事件冒泡，需在 container 处，阻止冒泡。

在 spotDetail.js 文件的入口函数里接着写以下代码：

```
mContainer.onclick = function(event) {
  event.stopPropagation();
}
```

8. 单击预览图之外的地方，关闭预览图

在 spotDetail.js 文件的入口函数里接着写以下代码：

```
// 单击预览图之外的地方，关闭预览图
previewImg.onclick = function(event) {
  closePreviewImg();
}
// 关闭预览图
function closePreviewImg() {
  previewImg.style.display = "none";
  mBody.style.overflow = "scroll"
}
```

9. 上一张图片和下一张图片单击按钮的实现

在 spotDetail.js 文件的入口函数里接着写以下代码：

```
// 上一张图片
leftBtn.onclick = function(event){
  event.stopPropagation();
  index--;
  if(index<= 0){
      this.style.display="none"
  }else{
      rightBtn.style.display="block"
  }
  showPreviewImg(index)
}
// 下一张图片
rightBtn.onclick = function(event){
  event.stopPropagation();
  index++
  if(index>= srcArr.length-1){
      this.style.display="none"
      }else{
          leftBtn.style.display="block"
      }
  showPreviewImg(index)
}
```

10. 屏幕尺寸改变事件的实现

在 spotDetail.js 文件的入口函数里接着写以下代码：

```
// 屏幕尺寸改变事件
window.onresize = function( ) {
    // 判断只有预览图显示的时候才设置大小
    if(previewImg.style.display != "none") {
        // 设置预览图大小
        setPreviewImgWH( );
    }
};
```

任务小结

（1）事件的注册方式中，传统注册方法具有唯一性，即触发同一事件只能执行一个处理函数。监听式注册方法可以执行多个函数。

（2）offsetWidth 和 clientWidth 都没有单位，offsetWidth 宽度包含边框 border，clientWidth 不包含边框。

知识点习题

1.（单选题）用户每次移动或拖动鼠标时，会触发哪个事件？（   ）

A. mousedown   B. mouseup   C. mouseover   D. mousemout

2.（单选题）关于 addEventListener，表述错误的是（   ）。

A. 第一个参数是注册处理程序的事件类型，这个事件类型是字符串

B. 事件类型必须包括用于设置事件处理程序属性的前缀 "on"

C. 第二个参数是当指定类型的事件发生时应该调用的函数

D. 最后一个参数是捕获事件处理程序，并在事件不同的调度阶段调用

3.（单选题）下列关于 offsetWidth 和 offsetHeight 的说法，正确的是（   ）。

A. 这两个属性用来表示内容的大小，不包括边框和内边距

B. 通过 offsetWidth 可以设置元素的宽度

C. 这两个属性值的结果是字符串类型的数据，默认单位是 px

D. 这两个属性是只读属性

4.（多选题）关于 JavaScript 事件说法不正确的是（   ）。

A. 事件由事件函数、事件源、事件对象组成

B. 当前事件作用在哪个标签上，哪个标签就是事件源

C. onclick 就是一个事件对象

D. 图片切换使用 JavaScript 的 change 事件

5.（判断题）offset 系列是只读属性。　　　　　　　　　　　　　　　　　　（　　）

任务14　表单输入验证特效

任务描述

在网站的注册登录界面中，增加输入验证特效，可以提升网站的安全性和专业性。

岭南旅游网站"联系我们"页面中，添加手机号码和邮箱输入的验证，这一特效可以检测用户输入的手机号和邮箱是否符合规范，增强了岭南旅游网站的安全性，又为用户提供了一个安全可靠的注册登录环境，增强对岭南旅游品牌的信任感。

本任务通过正则表达式中边界符（^ $）、字符类 []、量词符 {} 的使用，实现对各个表单项输入内容的验证。具体效果如图 14-1 所示。

图 14-1　注册验证效果图

任务目标

掌握正则表达式的定义和组成。能使用正则表达式验证用户表单输入。培养信息安全和规范意识。

相关知识

14.1 正则表达式

14.1.1 定义

正则表达式是由普通字符（如字符 a~z）及特殊字符组成的文字模式。正则表达式作为一个模板，是将某个字符模式与所搜索的字符串进行匹配。

14.1.2 组成

正则表达式包含匹配符、元字符、限定符、定位符、转义符、修饰符等。正则表达式的语法为：/ 正则表达式主体 / 修饰符（可选），注意，正则表达式不需要用 " " 或者 ' '。

1. 元字符

元字符是正则表达式中有特殊含义的字符。其含义如表 14-1 所示。

表 14-1　元字符

元字符	描述
\d	匹配一个数字字符，等价于 [0-9]
\D	匹配一个非数字字符，等价于 [^0-9]
\s	匹配任何空白字符
\S	匹配任何非空白字符
\w	匹配任意一个字母、数字或下划线字符，等价于 [0-9a-zA-Z]
\W	匹配任何非字母、数字或下划线字符，等价于 [^0-9a-zA-Z_]
.（一个点）	匹配除 '\n' 外的任何单个字符

在下面的示范代码中，定义了一个 /l.o/ 的正则表达式，查看 str 中是否含有符合匹配的字符串。正则表达式 /l.o/ 可以匹配 l 开头，o 结尾，中间是除 '\n' 外的任何单个字符的字符串。

示范代码：

```
<script>
  var str="hello,world";
  var reg= /l.o/;
  //正则表达式中的.可匹配除'\n'外的任意字符,所以能匹配到例子中的'llo'
  document.write(str.search(reg));
</script>
```

运行结果返回：2

2. 匹配符

匹配符用于匹配某个或者某些字符，在正则表达式中，通过一对方括号括起来的内容表示一个范围，可称为"字符族"，在方括号中，可以使用各种规则进行字符匹配，如表 14-2 所示。

表 14-2 匹配符

表达式	描述
[a-z]	匹配小写字母 a~z 中的任意一个字符
[0-9]	匹配数字 0~9 中的任意一个字符，相当于 \d
[0-9a-zA-Z]	匹配数字 0~9，小写字母 a~z，大写字母 A~Z 中的任意一个字符
[1234]	匹配数字 1234 中的任意一个字符
[^abcd]	匹配除 abcd 外的任意一个字符

在下面的示范代码中，我们先定义了一个 /[^0-9]/ 的正则表达式，查看电话号码中否含有数字以外的字符，然后在字符串 str 中匹配结果。

示范代码：

```
var str = '138i26579287';              //定义一个字符串
var reg = /[^0-9]/;                    //查看电话号码中是否含有数字以外的字符
document.write(str.search(reg));       //找到 i 是非数字，则返回 i 所在的位置 3
```

运行结果返回：3

3. 限定符

限定符可以指定正则表达式的一个给定组件必须要出现多少次才能满足匹配。在表 14-3 中，r 代表正则表达式，n 和 m 代表数字。

表 14-3 限定符

量词	描述
r+	匹配前面的子表达式一次或者多次
r*	匹配前面的子表达式零次或者多次
r?	匹配前面的子表达式零次或者一次
{n}	匹配确定的 n 次，如 {18}，连续匹配 18 次
{n,}	至少匹配 n 次，如 {1,}，代表至少匹配 1 次
{n,m}	最少匹配 n 次且最多匹配 m 次

在下面的示范代码中，先定义了一个 /\d{11}/ 的正则表达式，查看 str 中是否含有符合匹配的字符串。其中，{11} 的作用是连续匹配 11 次。

示范代码：

```
var tel = '我的电话是:1314567890;     //定义一个字符串
var reg = /[\d]{11}/;                //匹配数字,连续匹配11次,含有11个数字的正则
document.write(tel.search(reg));     //不符合匹配条件,返回-1
```

运行结果返回：-1

4. 定位符

定位符可以将一个正则表达式固定在一行的开始或者结束，也可以创建只在单词内或者只在单词的开始或者结尾处出现的正则表达式，如表14-4所示。

表14-4 定位符

表达式	描述
^	匹配字符的开始位置
$	匹配字符的结束位置
\b	匹配一个单词边界
\B	匹配非单词边界

在下面的示范代码中，先定义了一个 /^[\d]{3}-[\d]{4}-[\d]{3}$/ 的正则表达式，查看 str 中是否含有符合匹配的字符串。其中。^匹配字符的开始位置，$匹配字符的结束位置，然后在字符串 str 中匹配结果。

示范代码：

```
var str = '123-0000-0331';
//3个数字开头-4个数字-3个数字结尾
var reg = /^[\d]{3}-[\d]{4}-[\d]{3}$/;
//match(reg)表示：匹配成功返回字符串，未匹配成功返回null
document.write(str.match(reg));   //返回null,因为str以4个数字结束,正则要求末尾匹配3个数字
```

运行结果返回：null

5. 转义符

在正则表达式中，如果遇到特殊符号，则必须使用转义符（\）进行转义，如()、[]、*、/、\、+、$等都是特殊字符，在正则表达式中需要作为字符的时候必须在前面加上\。

在下面的示范代码中，我们先定义了一个 /\+/ 的正则表达式，查看 str 中是否含有符合匹配的字符串。其中,\+ 可匹配字符串中是否含有特殊符号+，然后在字符串 str 中匹配结果。

示范代码：

```
var str = '1+1=2';     //定义一个字符串
var reg = /\+/;              //转义字符\说明匹配特殊符号+
document.write(str.match(reg));  //返回'+';匹配成功,则返回被匹配的字符
```

运行结果返回：+

6. 修饰符

修饰符可用于大小写不敏感的或者更全局的搜索，如表 14-5 所示。

表 14-5　修饰符

修饰符	描述
i	执行对大小写不敏感的匹配
g	执行全局匹配（查找所有匹配而非在找到第一个匹配后停止）
m	执行多行匹配

在下面的示范代码中，我们定义了一个 /[1]/g 的正则表达式，查看 str 中是否含有符合匹配的字符串。其中，正则表达式后加上 g 表面匹配所有符合的字符串，然后在字符串 str 中匹配结果。

示范代码：

```
var str = '1+1=2';    //定义一个字符串
var reg =/[1]/g;
document.write(str.replace(reg,'?'));  //返回? +? =2
```

运行结果返回：?+?=2

任务实施

【步骤一】表单输入验证相关的 HTML 结构

注册登录 HTML 结构在 contact.html 文件中。已有的 HTML 结构不变，增加了按钮的单击事件，代码如下：

```
<form action="" method="post">
   <table width="100%">
      <tr>
           <td class="w10">姓名：<span>*</span></td>
           <td class="w40"><input type="text" name="username" class="formControl"></td>
           <td class="w10">手机：<span>*</span></td>
           <td class="w40"><input type="text" name="cellphone" class="formControl"></td>
      </tr>
      <tr>
           <td >地址：</td>
           <td><input type="text" name="addr" class="formControl"></td>
           <td >邮箱：</td>
           <td><input type="text" name="email" class="formControl"></td>
      </tr>
      ……
      <tr>
```

```html
            <td colspan="4" class="text-center">
                <button class="btnform" onclick="Tijiao( )" >提交</button>
            </td>
        </tr>
    </table>
</form>
```

【步骤二】表单验证特效步骤

（1）获取表单元素和变量初始化。

```javascript
var phone= document.getElementsByName("cellphone")[0];
var ema= document.getElementsByName("email")[0];
var result_Phone = false;
var result_Email = false;
```

（2）定义电话号码和邮箱正则表达式。

```javascript
var reg = /^([a-zA-Z]|[0-9])(\w|\-)+@[a-zA-Z0-9]+\.([a-zA-Z]{2,4})$/;
var reg2=/^[1][3,4,5,7,8][0-9]{9}$/;
```

（3）验证邮箱格式函数功能。

```javascript
ema.onchange = function( ){
  var emaStr = this.value;
  if(reg.test(emaStr)){
      result_Email = reg.test(emaStr);
      //console.log("邮件格式正确");
  }else{
      alert("邮箱格式不正确");
      result_Email = false;
  }
  return result_Email;
};
```

（4）验证手机格式函数功能。

```javascript
phone.onchange=function( ){
  var phoneStr=this.value;
  if(reg2.test(phoneStr)){
      result_Phone = reg2.test(phoneStr);
      //console.log("手机格式正确");
  }else{
      alert("手机号不正确");
      result_Phone = false;
  }
  return result_Phone;
}
```

（5）提交事件功能。

```javascript
function Tijiao( ){
   if(result_Email && result_Phone) {
      alert("注册成功");
   }else{
```

```
        alert("请填写正确的手机号和邮箱");
    }
}
```

> **小贴士**
>
> 这里的提交只是一个模拟的过程,实际开发中,在弹出"注册成功"对话框前,还要提交表单并操作数据库。

任务小结

(1)正则表达式的定义:由普通字符(如字符 a~z)及特殊字符组成的文字模式。正则表达式作为一个模板,将某个字符模式与所搜索的字符串进行匹配。

(2)正则表达式的组成:匹配符、限定符、定位符、转义符、修饰符等。

知识点习题

1.(单选题)给定正则表达式 /^(SE)?[0-9]{12}$/,下列字符串符合匹配条件的是(   )。

A. "123456789123"　　　　　　　　B. "SE1234567890"

C. "1234567890SE"　　　　　　　　D. "ES1234567890"

2.(单选题)给定正则表达式 /^\d+$/,下列字符串符合匹配条件的是(   )。

A. "1234.5"　　B. "1,234"　　C. "+1234"　　D. "123456789"

3.(多选题)给定正则表达式 /^[0-6]?[0-9]$/,下列字符串符合匹配条件的是(   )。

A. "770"　　B. "66"　　C. "9"　　D. "22"

4.(填空题)_____是正则表达式中的转义字符。

5.(判断题)在 JavaScript 正则表达式中,当 n=m 时,{n,m} 等价于 {m} 或者 {n}。(   )

项目二
移动端页面制作
——以岭南旅游网为例

项目介绍

本项目将制作岭南旅游网移动端的页面，即使用手机、平板电脑等设备访问网站时展示的页面。

本项目包含 6 个从简单到复杂的任务，分别是移动端新闻详情页、移动端新闻列表页、移动端景点详情页、移动端景点列表页、移动端首页的制作，以及屏幕适配 PC 或者移动端。读者将能从零开始，制作移动端网站中各种类型的页面，学会移动端网站开发的基本技能，体会移动端和 PC 端网站的联系和区别，在制作过程中提升网页制作和网站开发的相关知识和技能。

页面的部分效果如图 1 所示。

图 1 项目效果图

学习目标

知识目标：掌握网页开发自适应相关的知识。掌握移动端开发与 PC 端开发的联系与区别。

技能目标：能使用 HTML、CSS、JavaScript 以及自适应开发技术，从零开始搭建一个移动端网站，并制作风格统一的网站页面。

素养目标：培养全局思维，培养使用技术满足用户个性化需求的思维。能利用网站开发技术服务社会。

学习指南

读者将在本项目中学习 HTML5 新标签，以及自适应相关的知识和技能。读者可以阅读每个任务中的"相关知识"部分，学习相应的知识和技能，之后再完成任务。如果读者想重点学习某些知识和技能点，也可以参看下面的对应表，找到相关知识技能点在项目中的位置，来针对学习。

每个任务后面配有理论习题，读者可以通过完成理论习题来巩固知识技能点。每个任务也有对应的"岭南文化网"的拓展任务，学有余力的读者可以完成拓展任务的制作。知识点与任务对应如表 1 所示。

表 1　知识点与任务对应表

分类	知识技能点	任务点
HTML5 新标签		16.1
自适应技术	meta 元素及属性	15.5
	绝对尺寸	15.2
	rem 尺寸	15.3
	百分比尺寸	15.4
	如何确认 rem	15.5
	移动端网站真机测试	15.1
	屏幕适配 PC 端或移动端	20.1~20.3

项目二　移动端页面制作——以岭南旅游网为例

任务15　移动端新闻详情页制作

任务描述

移动端页面要适应不同的设备，因而要有自适应的功能。

新建移动端网站，存放移动端各个文件。在移动端网站中制作新闻详情页，展示新闻详情，如图15-1所示，左侧为手机访问效果，右侧为平板电脑访问效果。

图 15-1　新闻详情页效果图

任务目标

掌握绝对尺寸、rem尺寸、百分比尺寸的概念。掌握meta元素的属性和特点。掌握移动端网站真机测试的方法，掌握确认rem尺寸的方法。制作的网页能适应不同尺寸的移动端设备，提升用户服务意识和对多样性的适应能力。

相关知识

15.1 移动端网站真机测试

在移动端开发中，我们经常需要在真正的移动端设备上打开网页进行测试，按照以下步骤就可以实现。

（1）将运行代码的电脑和进行测试的移动端设备链接到同一无线网络中。

（2）获取到运行代码的电脑的 IP 地址，这里我们假设电脑的 IP 地址为：192.168.10.35。

（3）使用 HBuilderX 运行要测试的网页，在浏览器中获取网页的路径。

这里我们假设网页的路径为：http://127.0.0.1:8848/project/index.html。

（4）上一步中 127.0.0.1 代表本机，要用手机访问，要将 IP 地址改为电脑的 IP 地址，按照第 2 步的 IP 地址，应改为 http:// 192.168.10.35/project/index.html。

（5）在移动端设备上打开（4）中的地址就可以了真机测试了。

CSS 尺寸单位的选择对于网页的设计和开发非常重要，合理使用尺寸单位可以实现不同设备上的自适应布局，提升用户体验。在实际开发中，可以根据需求来选择适当的尺寸单位来实现最佳的布局效果。在 CSS 中，尺寸单位分为绝对尺寸和相对尺寸两种。

15.2 绝对尺寸

绝对尺寸是一个固定的值，是一个真实的物理尺寸。px 是最常用的绝对尺寸单位，是屏幕上固定大小的单元，1px 等于屏幕上的一个点。

示例代码：

```html
<!DOCTYPE html>
<html>
    <head>
        <meta charset="utf-8" />
        <title></title>
        <style type="text/css">
            p:nth-child(1){
                font-size: 20px;
            }
            p:nth-child(2){
                font-size: 40px;
            }
        </style>
    </head>
    <body>
        <p>这是一个段落。</p>
        <p>这是另一个段落。</p>
    </body>
</html>
```

运行结果如图 15-2 所示。

这是一个段落。

这是另一个段落。

图 15-2　使用绝对尺寸调整文字大小

15.3　rem 尺寸

rem 是相对于根元素 <html> 的字体的大小。如果我们在 html 中设置了 font-size 的值，使用 rem 即为这个已设置值的倍数，如果没有设置，在默认情况下，浏览器的根字体大小通常为 16px。

rem 可以用在各种需要设置尺寸的场景，比如字体大小、间距和边距、宽度和高度等。

示例代码（包含 HTML 结构和 CSS 样式）：

```
这是根元素
<p>这是非根元素。</p>

html{font-size: 20px;}
p{font-size: 2rem;}
```

代码设置了根元素的字体大小为 20px，则 p 元素的字体大小为 20px 的两倍，即 40px。运行结果如图 15-3 所示：

这是根元素

这是非根元素。

图 15-3　使用相对尺寸调整文字大小

15.4　em 尺寸

em 单位是相对于当前元素的字体大小。如果当前元素没有设置字体大小，则会继承其父元素的字体大小。

em 可以用在各种需要设置尺寸的场景，比如字体大小、间距和边距、宽度和高度等。

由于 em 与当前或者父级元素的字体大小相关，所以 em 适合用于定义与字体大小相关的尺寸，如行高（line-height）或内边距（padding）等。但是使用 em 也可能导致嵌套元素中的 em 值变得复杂。有时候使用 rem 单位可能更为方便，因为它是统一相对于根元素（即 html 元素）的字体大小来计算的，避免了嵌套的复杂性。

小贴士：在实际应用中，也可以结合使用 px、em 和 rem 单位，以充分利用它们的优点。例如，可以使用 px 单位来定义固定尺寸的元素，如按钮或图标；使用 em 单位来定义与字体大小相关的尺寸，如行高或内边距；使用 rem 单位来定义全局尺寸，如容器宽度或字体大小，以实现更好的可伸缩性和可维护性。

15.5 百分比尺寸

百分比尺寸是常用的相对尺寸单位，它是相对于父元素尺寸的单位。

示例代码：

```html
<!DOCTYPE html>
<html>
    <head>
        <meta charset="utf-8" />
        <title></title>
        <style type="text/css">
            .parent{
                width: 200px;
                height: 100px;
                background-color: bisque;
            }
            .child{
                width: 50%;
                height: 50%;
                background-color: aqua;
            }
        </style>
    </head>
    <body>
        <div class="parent">
            <div class="child">子元素宽度</div>
        </div>
    </body>
</html>
```

运行结果如图 15-4 所示。

图 15-4　使用百分比尺寸调整文字大小

15.6 如何确认 rem 尺寸

　　rem 尺寸单位是相对于根元素的尺寸，可以使我们整个网站单位统一，还可以使我们的字体更好地自适应电脑端和移动端。那么我们在设计网站的时候如何确定 rem 大小呢？其实在 HBuilder 里面本身就带有自动转换单位功能。

　　在 HBuilder 中单击"工具–设置–编辑器设置"，把"启用 px 转 rem 提示"勾上即可，然后在编写 CSS 样式的时候输入 px 值就会自动显示对应的 rem 值，如图 15-5 所示。

图 15-5　如何确定 rem 大小

> **小贴士**
> 后续可以通过 JavaScript 控制视窗与 html 的 font-size 关系就能更好地适配移动端。

15.7　meta 元素及属性

在移动端网页开发中，meta 元素写在 HTML 的 head 标签中，用于设置网页的视口（viewport）大小、缩放比例、主题颜色等信息。以下是在移动端网页开发中常用的 meta 元素设置：

（1）设置视口（viewport）。

name 属性值为 viewport 时表示视口，视口是指用户在浏览器中看到的网页区域。在移动设备上，由于屏幕尺寸较小，需要通过设置视口来适配不同的设备。content 属性值设置如表 15-1 所示。

表 15-1　content 属性值设置

content 属性	描述
width	布局视口宽度，一般为一个正整数，使用字符串 "device-width" 表示设备宽度
height	布局视口高度
initial-scale	页面初始缩放比例，取值范围（0~10.0）
minimum-scale	最小缩放比，取值范围（0~10.0）
maximum-scale	最大缩放比，取值范围（0~10.0）
user-scalable	设定用户是否可以缩放，值为 yes/no，默认 yes

示例代码：

```
<meta name="viewport" content="width=320">
```

在上面的示例中，页面将假设屏幕的宽度是 320px，无论是大屏、小屏、横屏和竖屏都会这样渲染，因此最终效果可能如图 15-6 所示。

图 15-6　width=320 时的效果

从上图可以看到，页面的文字随着屏幕变宽而变大了，当我们将 width 设置为 device-width 时，文字大小将不受 viewport 影响，布局视口与可见视口相同。

示例代码：

```
<meta name="viewport" content="width=device-width">
```

效果如图 15-7 所示。

图 15-7　width=device-width 时的效果

通过设置 initial-scale 的值可以使页面在刚渲染时放大 2 倍，示例代码：

```
<meta name="viewport" content="width=device-width, initial-scale=2">
```

如图 15-8 所示。

图 15-8　initial-scale =2 时的效果

一个优化良好的网站，是不应该让用户需要缩放才能正常阅读的，因此推荐的 meta 标签是类似这样的：

```
<meta name="viewport" content="user-scalable=no, width=device-width, initial-scale=1.0, maximum-scale=1.0">
```

上面 meta 标签应用到 iPhone 这样的移动设备中，用户将无法用双指来缩放页面，且布局视口的宽度将和可见视口（即屏幕宽度）相等，这时候很适合使用非固定宽度的布局，这个模式对较小的屏幕非常有优势。

（2）设置主题颜色。

name 值设置为 "theme-color" 时，meta 元素可以指定网站的主题色，实现在 Android 设备上收藏夹、状态栏、概览屏幕和任务管理器等位置的配色优化。

示例代码：

```
<meta name="theme-color" content="#色值">
```

（3）设置状态栏样式和颜色。

name 值设置为 "apple-mobile-web-app-status-bar" 时，meta 元素可以自定义 iOS 设备顶部状态栏的样式和颜色。content 可选的值包括 default、black 和 black-translucent。

default：状态栏背景是白色，网页内容从状态栏底部开始。

black：状态栏背景是黑色，网页内容从状态栏底部开始。

black-translucent：状态栏背景是半透明，网页内容充满整个屏幕，顶部会被状态栏遮挡。

示例代码：

```
<meta name="apple-mobile-web-app-status-bar" content="black">
```

（4）设置网页描述信息。

name 值设置为 description 时，meta 元素用于设定网页的描述信息，content 属性值应设置为简洁的网页描述文字，有利于各大搜索引擎抓取收录网页。

示例代码：

```
<meta name="description" content="网页描述">
```

（5）设置网页关键信息。

name 值设置为 keywords 时，meta 元素用于设定网页的关键词信息，关键词一直是搜索引擎判断网页内容和主题的重要依据，有助于搜索引擎优化。

content 属性值的关键词一般不超过三个，每个关键词不宜太长，关键词与关键词之间用英文的逗号","隔开。

示例代码：

```
<meta name="keywords" content="关键词1,关键词2,关键词3">
```

（6）设置网站作者信息。

name 值设置为 author 时，meta 元素用于设定网站的作者信息。

示例代码：

```
<meta name="author" content=" John Doe">
```

（7）设置网站版权信息。

name 值设置为 copyright 时，meta 元素用于提供网站的版权信息。

示例代码：

```
<meta name="copyright" content="Copyright © John Doe">
```

（8）设置网页是否全屏显示。

name 值设置为 full-screen 时，meta 元素用于设置网页是否能够全屏显示。

示例代码：

```
<meta name="full-screen" content="yes">
```

在上面示例中，content 等于 yes，设置了网页全屏显示，当 content 值等于 no 时，网页不能全屏显示。

（9）控制浏览器缓存行为。

http-equiv 设置为 Cache-Control 时，meta 元素用于控制浏览器缓存行为。

示例代码：

```
<meta http-equiv="Cache-Control" content="no-store">
```

no-store 表示不缓存页面内容。

meta 元素还有其他一些设置，同样实现对移动端页面的定制和优化，在此不再列举。

任务实施

【步骤一】新建网站和 HTML 文件

（1）新建网站。

在 HBuilder 中单击"文件 – 新建 – 项目"，输入项目名 travelH5，选择项目在电脑上存储的路径，模板选择"基本 HTML 项目"，单击"创建"按钮，如图 15-9 所示。

（2）将图片素材放到图片 img 文件夹中。

（3）在网站中新建 newsDetail.html 文件，如图 15-10 所示。

图 15-9　新建项目

图 15-10　新建 newsDetail.html 文件

【步骤二】新建和引入 CSS 文件和 JavaScript 文件

（1）在项目的 css 文件夹里新建 style.css 文件，如图 15-11 所示。

（2）在项目的 js 文件夹里新建 index.js 文件，如图 15-12 所示。

图 15-11　新建 css 文件

图 15-12　新建 js 文件

（3）设置 newsDetail.html 的 head 标签。

在 newsDetail.html 的 head 标签里编写以下代码，设置标题、移动端适配，引入 style.css 文件和 index.js 文件。代码如下：

```html
<head>
    <meta charset="utf-8">
    <title>岭南旅游网H5-新闻动态-详情</title>
    <!-- 移动端适配 -->
    <meta name="viewport" content="width=device-width, initial-scale=1.0, minimum-scale=1.0, maximum-scale=1.0, user-scalable=no">
    <!-- 设置苹果手机顶部状态栏颜色 -->
    <meta name="theme-color" content="#0689F3">
    <link type="text/css" rel="stylesheet" href="css/style.css">
    <script type="text/javascript" src="js/index.js"></script>
</head>
```

> **小贴士**
> 设置苹果手机顶部状态栏颜色后，在电脑端测试看不出效果，要用手机真机测试才能看到效果。

【步骤三】设置自适应的字体大小

在 index.js 中编写代码，以 780px 为基准，计算不同屏幕尺寸时字体的大小。在屏幕宽度在 780px 及以上时，字体大小为 32px，否则屏幕宽度与 780px 的比例等于当前字体与 32px 的比例。代码如下：

```javascript
// 字体随屏幕大小变化
function resizeFont( ) {
    //屏幕宽度大于780px时，按照780px计算。
    let winW = document.documentElement.clientWidth > 780
                    ? 780 : document.documentElement.clientWidth;
    //计算自适应的字体大小。
    document.documentElement.style.fontSize =(winW / 780) * 32+ 'px';
}
window.addEventListener('load', resizeFont);//页面加载时，计算字体
window.addEventListener('resize', resizeFont);//改变大小时，计算字体
```

【步骤四】最外层盒子的制作

在页面的 body 标签里新建一个类为 wrap 的 section。

HTML 结构如下：

```html
<section class="wrap">

</section>
```

先设置整个页面的通用样式，包括背景色、字体大小和边距等，再设置 .wrap 的样式，这个样式在后面也会经常出现，在屏幕宽度小于 780px 时，它占整个屏幕的宽度，当屏幕宽度大于 780px 时，它最大宽度为 780px，并且在屏幕中居中。CSS 样式如下：

```css
/* 样式初始化 */
body,ol,ul,h1,h2,h3,h4,h5,h6,p,th,td,dl,dd,form,fieldset,legend,input,textarea,select{
```

```css
  margin: 0;
  padding: 0;
  color:#333;
  outline: none;
}
body {
  font: 16px "微软雅黑";
  background: #fff;
}
.wrap{
  width: 100%;/* 宽度为整个屏幕的宽度 */
  max-width: 780px;/* 最大宽度为780px */
  margin: 0 auto;/* 在屏幕中居中 */
}
a {
  color: #343434;
  text-decoration: none
}
```

【步骤五】顶部标题部分制作

在 .wrap 里，插入一个 header 标签，在 header 标签里插入一个类为 navTag 的 div 标签，给该标签添加一个文字居中类 text-center。在 .navTag 中插入一个类为 icon_back 的 i 标签，为返回图标，在 i 标签的下方输入文字。HTML 结构如下：

```html
<section class="wrap">
  <header><!-- 顶部标题 -->
      <div class="navTag text-white text-center">
          <i class="icon_back"></i>
          新闻内容
      </div>
  </header><!-- 顶部标题结束 -->
</section>
```

text-white 类设置的样式是文字颜色为白色，text-center 类设置的样式是文字左右居中对齐，.navTag 是二级页面标题栏目样式，后面也会经常出现，.icon_back 设置了返回的图标的样式，为绝对定位，垂直居中。CSS 样式如下：

```css
.text-center{
  text-align: center;/* 文字居中对齐 */
}
.text-white{
  color: #fff;
}

/* 二级页面标题栏 */
.navTag{
  position: fixed;/* 固定定位，脱离文档流 */
  top: 0;
  left: 50%;
```

```css
        transform: translateX(-50%);
        z-index: 99;
        max-width: 780px;
        width: 100%;
        height: 3.125rem;
        line-height: 3.125rem;
        font-size: 1.125rem;
        background: #4b89da;
}
/* 二级页返回按钮 */
.icon_back{
        position: absolute; /* 绝对定位 */
        left:1.25rem;
        width: 1rem;
        height: 1rem;
        top:50%;
        transform: translateY(-50%);
        background: url("../img/icon/back.png") no-repeat;
}
```

> **小贴士**
>
> （1）文字颜色和左右居中对齐样式后面经常会用到，这里写成通用样式。
>
> （2）.navTag 的样式没有设置在 header 标签里，是因为移动端的其他页面也会用 header 标签，并且每个 header 的样式是有不同的。

【步骤六】正文部分制作

在 .wrap 里，header 标签的下方插入一个类为 main 和 articleCon 的 article 标签，在标签里插入一个 hgroup 标签，在 hgroup 标签里插入一个 h4 标签和一个类为 fuTitle 的 div 标签，h4 标签的内容为新闻标题，.fuTitle 的文字居中对齐，内容为新闻来源和时间。在 .hgroup 下方插入几个 p 标签，第一个 p 标签为图片，后面的 p 标签为正文。HTML 结构如下：

```html
<section class="wrap">
    <header><!-- 顶部标题 -->
        <!-- 前面已写，这里省略 -->
    </header><!-- 顶部标题结束 -->
    <article class="main articleCon">
        <hgroup>
            <h4>【南方plus】万绿湖 "五一"接待游客119万人次</h4>
            <div class="fuTitle text-center">来源：中国旅游报  时间：2023-5-6</div>
        </hgroup>
        <p><img src="img/newsImg1.png"></p>
        <p>据"南方报业传媒集团南方+客户端"报道，"五一"期间，河源乡村旅游点、红色景点以及部分城市公园、文化街区、民宿等重点文旅消费区共接待119万人次，同比2022年"五一"假期增长259.16%，同比2019年"五一"假期增长115.36%！</p>
```

```
        <p>万绿湖在"五一"假期受到热捧。俯瞰碧波万顷的万绿湖，数十只游船在形状各异的绿岛中穿行而过，在蓝天、白云、朝霞和夕阳的映衬下，万绿湖展现出一幅迷人的画卷，游客们体验着"船在湖中走，人在画中游"的诗意美景。游客有的是一家老小有说有笑，有的是三五好友打卡拍照，几乎"像过年一样热闹"。此外，镜花缘、霍山、黄龙岩等生态户外体验游产品，颇受游客青睐。徒步、露营、围炉煮茶等项目是家庭亲子出游的最佳选择。</p>
    </article>
</section>
```

在 style.css 中设置 img 和 h4 的通用样式：

```
img {
    border: 0;/* 去边框 */
    display: block;/* 块级元素,方便对齐 */
    vertical-align: middle;/* 垂直居中对齐 */
    object-fit: cover;/* 多余部分剪裁 */
}
h4{
    font-size: 1rem;
    line-height: 1.8rem;
    text-align: center;
}
```

article 盒子有外阴影，有上外边距和内边距；图片要左右居中对齐，因而要设置显示模式和对齐方式；介绍文字的段落要设置左右分散对齐、段落首行缩进、内边距、行高等样式。CSS 样式如下：

```
/* 二级页内容 */
.main{
    padding:4.125rem 1.25rem 0;  /*上内边距比较大是因为要错开上面固定定位的头部 */
    max-width: 780px;
    box-sizing: border-box;
    margin: 0 auto;
}
.articleCon p{
    text-indent: 2em; /* 首行缩进两字符 */
    line-height: 1.8em;/* 行高是字符的1.8倍 */
    font-size: 0.8rem;
    text-align: justify;
}
.articleCon img{
    width: 100%;
    margin: 0.5rem auto;
}
```

> **小贴士**
>
> （1）头部的 .navTag 是固定定位，脱离了文档流，因而是和下面的 .main 占同一个文档位的，所以 .main 要设置比较大的上内边距，否则内容会和头部贴在一起。
>
> （2）.articleCon 本身没有样式，为了将它里面的 p 标签和 img 标签与其他位置的 p 和 img 标签区分开，才设置了这个样式。

任务拓展

制作岭南文化网移动端中的新闻详情页,效果如图15-13所示。左侧为手机访问效果,右侧为平板电脑访问效果。

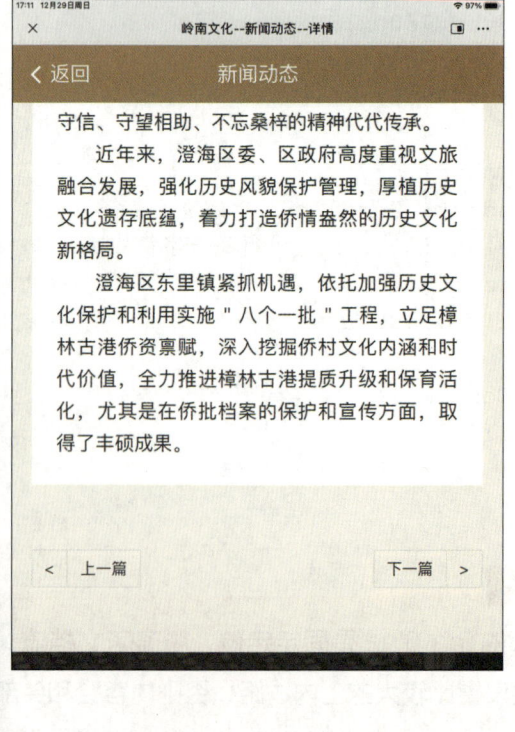

图15-13 新闻详情页的手机和平板显示效果

知识点习题

1.（单选题）现有静态页面在本机测试时的访问路径为 http://127.0.0.1/project/index.html，本机电脑IP为192.169.10.10，现在想要手机真机测试，使用与电脑处在同一网络下的手机访问网页项目主页面，应该在手机浏览器内输入的网址是（　　）。

A. http://192.169.10.10:8848/index.html

B. http://192.169.10.10:8848/project/index.html

C. http://127.0.0.1:8848/project/index.html

D. http://127.0.0.1:8848/ index.html

2.（多选题）rem 和 em 的区别描述正确的是（　　）。

A. rem 是根据根元素的字体大小进行计算的

B. em 是根据父元素字体的大小设置的

C. rem 是根据父元素字体的大小设置的

D. em 是根据根元素的字体大小进行计算的

3.（判断题）在 CSS 中，px 是绝对长度单位，% 是相对长度单位。　　　　（　　）

4.（单选题）meta 元素"initial-scale"属性用于指定（　　）。

A. 初始页面的缩放级别

B. 页面的最大缩放级别

C. 页面的最小缩放级别

D. 搜索引擎排序

5.（单选题）下面哪个 meta 元素设置了用户的设备宽度为 viewport 的宽度？（　　）

A. <meta name="viewport" content="width=device-width">

B. <meta name="full-screen" content="yes">

C. <meta name="viewport" content="maximum-scale=1.0">

D. <meta name="viewport" content="minimum-scale=1.0">

任务16　移动端新闻列表页制作

任务描述

在移动端网站中制作新闻列表页，展示新闻列表，如图16-1所示，左侧为手机访问效果，右侧为平板电脑访问效果。

图16-1　新闻列表的手机和平板显示效果

任务目标

掌握HTML5新标签的知识，会正确地运用HTML5新标签制作网站。培养对新技术的探索精神和创新意识。

相关知识

16.1 HTML5 新标签

相比 HTML4，在 HTML5 中有一个比较重大的变化就是新增了文档结构元素，主要有 6 个：header、nav、article、aside、section、footer。这些元素和 div 元素有类似的功能，但是具有更强的语义，提高了代码的阅读性、使代码易于维护，如表 16-1 所示。

表 16-1　HTML5 新标签

语义标签名	说明
header	定义页眉，可以是文档的页眉，也可以是区域或节的页眉
footer	定义页脚，可以是文档的页脚，也可以是区域或节的页脚
nav	定义页面导航，可以通过导航连接到网站的其他页面，或当前页面的其他部分。常见的有顶部导航、底部导航、侧边导航
section	定义文档中的一个区域，一般用于一个需要标题（<h1>~<h6>）的区域，通过标题元素进行辨识
article	定义文章，常用于独立文档
aside	定义文章的侧边栏，包含的内容不是页面的主要内容，具有独特性，是对页面的补充

示例代码 –HTML 结构：

```
<div class="main">
  <!--HTML5文档结构元素布局-->
  <header>页面头部</header>
  <nav>页面导航</nav>
  <section>
        区域
        <header>区域头部</header>
        <article>独立文章</article>
        <footer>区域底部</footer>
  </section>
  <aside>侧边栏</aside>
  <footer>页面底部</footer>
</div>
```

示例代码 –CSS 部分：

```
.main {
  width: 80%;
  margin: 0 auto;
  text-align: center;
  font-size: 40px;
  color: white;
}
header {
  width: 100%;
```

```css
    height: 100px;
    background-color: #009dda;
}
nav {
    width: 19%;
    height: 300px;
    background-color: #90c840;
    float: left;
}
footer {
    width: 100%;
    height: 80px;
    background-color: limegreen;
}
section {
    width: 60%;
    height: 300px;
    background-color: #dbdb00;
    float: left;
    margin-left: 1%;
}
section>*{
    width: 80%;
    height: 60px;
    margin: 10px auto;
}
aside {
    width: 19%;
    height: 300px;
    background-color: #ec1f85;
    margin-left: 81%;
}
section>header {
    background-color: lime;
}
section>article {
    background-color: mediumvioletred;
}
section>footer {
    background-color: lavender;
}
```

效果如图 16-2 所示。

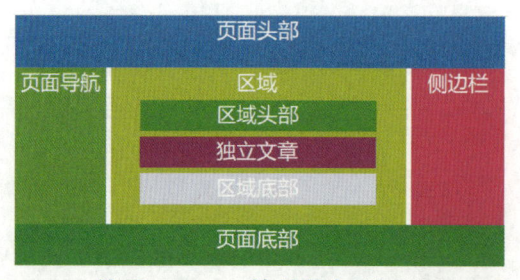

图 16-2　使用 HTML5 的结构标签进行页面布局

任务实施

【步骤一】新建 HTML 文件、引入 CSS 文件和JavaScript 文件

在网站中新建 news.html 文件，如图 16-3 所示。

图 16-3　新建 news.html 文件

设置 news.html 的网页标题，设置移动端适配，引入 style.css 文件和 index.js 文件。

```
<meta charset="utf-8">
<title>岭南旅游网H5-新闻动态-详情</title>
<!-- 移动端适配 -->
<meta name="viewport" content="width=device-width, initial-scale=1.0, minimum-scale=1.0, maximum-scale=1.0, user-scalable=no">
<!-- 设置苹果手机顶部状态栏颜色 -->
<meta name="theme-color" content="#0689F3">
<link type="text/css" rel="stylesheet" href="css/style.css">
<script type="text/javascript" src="js/index.js"></script>
```

【步骤二】最外层盒子和顶部标题的制作

最外层盒子和顶部标题的制作同任务 15 中任务实施的步骤四和步骤五。

HTML 结构如下：

```
<section class="wrap">
  <!-- 顶部标题 -->
  <header>
      <div class="navTag text-white text-center">
          <i class="icon_back"></i>
          新闻动态
      </div>
  </header>
</section>
```

相关样式在任务 15 中任务实施的步骤四和步骤五中已设置。

【步骤三】新闻列表部分制作

在 .wrap 里，header 标签的下方插入一个类为 main 的 section 标签，在 section 标签里插入一个类为 newsList 和 smallText 的 ul 标签，ul 里有多个 li 标签，每个 li 为一条新闻的信息。li 中有一个设置成弹性盒子的超链接 a 标签，a 标签内插入一个类为 newsThumb 的 div，为新闻的图片。在 .newsThumb 下方插入一个类为 newsDetail 的 div，为新闻详情部分，包含新闻标题和时间，新闻详情部分使用弹性盒子上下分散对齐。在 ul 后面插入一个类为 more 的文字居中对齐的 div，里面输入文字"加载更多"。HTML 结构如下：

```html
<section class="wrap">
    <header>
         <!-- 前面已写，这里省略 -->
    </header>
    <section class="main">
        <ul class="newsList smallText">
            <li>
                <a href="newsDetail.html" class="d-flex d-f-between">
                    <div class="newsThumb">
                        <img src="img/newsImg2.png">
                    </div>
                    <div class="newsDetail d-flex d-f-dir d-f-between">
                        <div class="newsTitle">
                            【摩登天空微博】2023桂林草莓音乐节正式定档
                        </div>
                        <div class="newsTime">2022-5-6</div>
                    </div>
                </a>
            </li>
            <!-- li同上，省略 -->
        </ul>
        <div class="more text-center">加载更多</div>
    </section><!-- main结束 -->
</section><!-- wrap结束 -->
```

设置弹性盒子和 li 的通用样式，如下所示。

```css
/* 弹性盒子 */
.d-flex{
  display: flex;
}
.d-f-between{
  justify-content: space-between;
}
.d-f-dir{/* 设置弹性盒子主轴方向为纵轴 */
  flex-direction: column;
}
li{
  list-style: none;/* 去掉项目默认的小圆点 */
}
```

设置列表其他样式
```css
/* 新闻列表页 */
.newsList{
  margin-top: 1rem;
  font-size: 0.8rem;
  line-height: 1.4rem;
}
.newsList li{
  border-radius: 0.3125rem;
  box-shadow: -0.375rem 0 0.75rem 0 rgba(76,76,76,0.11);
  margin-bottom: 1rem;
  height: 5.5rem;
  overflow: hidden;
}
.newsList li .newsThumb{
  width: 5.5rem;
  height: 5.5rem;
}
.newsList li .newsThumb img{
  width: 100%;
  height: 100%;
  object-fit: cover;
}
.newsList .newsDetail{
  flex:1;
  padding:0.68rem 0.4375rem;
  height: 4.14rem;
}
.newsList .newsTitle{
  font-weight: bold;
}
.newsList .newsTime{
  text-align: right;
  color:#888;
}
/* 二级页（列表页）加载更多 */
.more {
  height: 1.875rem;
  line-height: 1.875rem;
  color: #888;
  font-size: 0.8rem;
}
```

任务拓展

制作岭南文化网移动端中的新闻列页，效果如图16-4所示。左侧为手机访问效果，右侧为平板电脑访问效果。

图 16-4　新闻列表页的手机和平板显示效果

知 识 点 习 题

1.（单选题）通常用于放在页面的侧边栏或友情链接区域的标签是（　　）。

A. <section>　　　　B. <article>　　　　C. <aside>　　　　D. <nav>

2.（多选题）下列属于 HTML5 新增的文档结构元素包括（　　）。

A. <meta>　　　　B. <header>　　　　C. <nav>　　　　D. <section>

3.（判断题）一个文档中可以有多个 header 标签。（　　）

4.（填空题）HTML5 中用于页面底部，通常包括版权信息、联系方式等的标签是_____。

5.（填空题）HTML5 中用于定义一段独立的文章的标签是_____。

项目二　移动端页面制作——以岭南旅游网为例　　175

任务17　移动端景点详情页制作

任务描述

制作移动端景点详情页，如图17-1所示，左侧为手机访问效果，右侧为平板电脑访问效果。

图17-1　移动端景点详情页的手机和平板显示效果

任务目标

掌握盒子溢出的设置。综合运用相关技术制作移动端景点详情页，在制作的过程中和PC端景点详情页进行对比，找到PC端网页和移动端网页相同和区别的地方，培养任务归纳和连接的能力。

任务实施

【步骤一】新建 HTML 文件，引入 CSS 文件和 JavaScript 文件

在网站中新建 spotDetail.html 文件，如图 17-2 所示。

图 17-2 新建 spotDetail.html 文件

设置 spotDetail.html 的网页标题，设置移动端适配，引入 style.css 文件和 index.js 文件。

```
<meta charset="utf-8">
<title>岭南旅游网--景点详情</title>
<!-- 移动端适配 -->
<meta name="viewport" content="width=device-width, initial-scale=1.0, minimum-scale=1.0, maximum-scale=1.0, user-scalable=no">
<!-- 设置苹果手机顶部状态栏颜色 -->
<meta name="theme-color" content="#0689F3">
<link type="text/css" rel="stylesheet" href="css/style.css">
<script type="text/javascript" src="js/index.js"></script>
```

【步骤二】最外层盒子的制作

最外层盒子的制作同任务 15 步骤四。

HTML 结构如下：

```
<section class="wrap">

</section>
```

【步骤三】顶部图片部分的制作

顶部图片的制作和任务 15 步骤五顶部标题部分的制作有相似的地方，都是在 .wrap 中插入一个 header 标签，在 header 标签中插入一个文字居中的 div，与任务 15 步骤五不同的是，这个 div 的类为 bgPic。在 .bjPic 中插入一个 i 标签，为返回按钮图标，与任务 15 步骤五不同的是，这个 i 标签多了一个 icon_back2 类。在 i 标签下方插入一个 img 标签，为图片。

HTML 结构如下:

```
<!-- 顶部图片 -->
<header>
        <div class="bgPic text-white text-center">
            <i class="icon_back icon_back2"></i>
            <img src="img/spotImg7.jpg"/>
        </div>
</header>
```

text-center 和 text-white 等的样式在任务 15 步骤五中已设置。这里比起任务 15 步骤五新增了 bgPic 类是因为顶部图片盒子比任务 15 步骤五的顶部文字盒子高度要高,并且里面的图片也需要设置样式。新增了 icon_back2 类是因为 icon_back 的高度为垂直居中,而这里的高度要更高。

```
.bgPic{
  width: 100%;
  height: 16.25rem;
}
.bgPic img{
  width: 100%;
  height: 100%;
  object-fit: cover;
}
/* 详情页返回按钮 */
.icon_back2{
  top:1.45rem;
}
```

【步骤四】主体部分制作

主体部分包括标题、tag、正文、图片、建议、地图和评论的制作。

在 section 标签里,header 标签的下方新建一个类为 con 的 article 标签。

HTML 结构如下:

```
<section class="wrap">
  <header>
        <!-- 前面已写,这里省略 -->
  </header>
  <article class="con">
  </article><!-- con结束 -->
</section>
```

主体部分要和顶部图片有一部分重合,因而 .con 要设置成相对定位,并向上偏移。主体部分要设置圆角边框。

CSS 样式如下:

```
.con{
  width: 100%;
  box-sizing: border-box;
```

```
    padding:1.25rem;
    background-color: #fff;
    position: relative;/* 相对定位,以向上偏移 */
    top:-1.5625rem;/* 向上偏移 */
    z-index: 2;
    border-radius: 0.625rem;/* 圆角边框 */
}
```

【步骤五】标题部分制作

标题部分效果图如图 17-3 所示。

漓江

图 17-3　标题部分效果图

标题部分的制作同任务 6 中任务实施的步骤四（PC 端）。

HTML 结构如下：

```
<article class="con"><!-- 内容 -->
  <div class="titleName">漓江</div>
</div><!-- con结束 -->
```

CSS 样式如下：

```
/* 正文标题 */
.titleName{
    font-weight: bold;
    font-size: 1.25rem;
    color: #4b89da;
}
```

【步骤六】tag 部分制作

tag 部分效果图如图 17-4 所示。

5A　　竹排　　热气球　　动力滑翔伞

图 17-4　tag 部分效果图

tag 部分的制作同任务 6 步骤五。

HTML 结构如下：

```
<article class="con"><!-- 内容 -->
  <div class="titleName">漓江</div>
  <div class="tags">
        <a>5A</a>
        <a>竹排</a>
        <a>热气球</a>
        <a>动力滑翔伞</a>
  </div><!-- tags结束 -->
</article><!-- con结束 -->
```

CSS 样式如下：

```
.con .tags{
  padding:1rem 0;
}
.con .tags a{
  display: inline-block;/* 行内块 */
  padding:0 1rem;
  height: 1rem;
  background: #ffa148;/* 背景色 */
  border-radius: 0.5rem;/* 圆角边框 */
  color:#fff;
  text-align: center;
  line-height: 1rem;
  margin-right: 0.5rem;
  font-size: 0.625rem;
}
```

【步骤七】正文部分制作

正文部分效果图如图 17–5 所示。

漓江景区阳朔段北起杨堤，南至普益，全境69公里水域，约200平方公里，其中杨堤—兴坪段是漓江山水精华段的核心部分，曾被《世界地理》杂志评为世界上最美的岩溶山川，素有“桂林山水甲天下，阳朔山水甲桂林，阳朔美景在兴坪”的美称，20元人民币的背面就是漓江山水的荟萃——兴坪佳境。

图 17–5　正文部分效果图

HTML 结构如下：

```
<article class="con"><!-- 内容 -->
  <div class="titleName">漓江</div>
  <div class="tags">
        <!-- 前面已写，这里省略 -->
  </div><!-- tags结束 -->
  <div class="spotInfo">
        <p>漓江景区阳朔段北起杨堤，南至普益，全境69公里水域，约200平方公里，其中杨堤—兴坪段是漓江山水精华段的核心部分，曾被《世界地理》杂志评为世界上最美的岩溶山川，素有“桂林山水甲天下，阳朔山水甲桂林，阳朔美景在兴坪”的美称，20元人民币的背面就是漓江山水的荟萃——兴坪佳境。
        </p>
  </div><!-- spotInfo结束 -->
</article><!-- con结束 -->
```

正文部分要设置行高、首行缩进等。

CSS 样式如下：

```
.con .spotInfo p{
  line-height: 1.375rem;
  font-size: 0.75rem;
  text-indent: 2em;
}
```

> **小贴士**
> 行高设置的是每行文字的高度，正文部分的整体高度是由正文部分文字有多少行决定的。

【步骤八】图片部分制作

图片部分效果图如图 17-6 所示。

图 17-6　图片部分效果图

在 .con 里，.spotInfo 的下方新建一个类为 images 的 div，在 .images 里插入一个类为 scroll 的 div，在 .scroll 里插入一个弹性盒子 ul 标签，在 ul 标签里插入七个 li 标签，每个 li 标签里插入一张图片。

HTML 结构如下：

```html
<article class="con"><!-- 内容 -->
  <div class="titleName">漓江</div>
  <div class="tags">
       <!-- 前面已写，这里省略 -->
  </div><!-- tags结束 -->
  <div class="spotInfo">
       <!-- 前面已写，这里省略 -->
  </div><!-- spotInfo结束 -->
  <div class="images">
       <div class="scroll">
          <ul class="d-float-clear" id="imgArr">
             <li><img src="img/spotImg1.jpg"></li>
             <li><img src="img/spotImg2.jpg"></li>
             <li><img src="img/spotImg3.jpg"></li>
             <li><img src="img/spotImg1.jpg"></li>
             <li><img src="img/spotImg2.jpg"></li>
             <li><img src="img/spotImg3.jpg"></li>
             <li><img src="img/spotImg1.jpg"></li>
          </ul>
       </div>
  </div><!-- images结束 -->
</article><!-- con结束 -->
```

CSS 样式如下：

```css
.con .images{
```

```css
    margin: 1rem 0;
    width: 100%;
    height: 6.25rem;
    overflow: hidden;
}
.con .images .scroll{
    overflow-x: auto;
}
.con .images ul{
    height: 7.25rem;/*这里的高度需要高于父元素的高度，这样横向滚动条会被隐藏掉*/
    width: 48.125rem;/*为了没有多余的空间，设置了正好的空间，如果有动态数据中的数量不一致，可以通过js添加内联样式控制；一共7条数据，一条数据占据110px的宽，7*110=770px  =>  48.125*/
}
.con .images ul li{
    float: left;
    width: 6.25rem;
    height: 6.25rem;
    margin-right: 0.625rem;
}
.con .images ul li img{
    width: 100%;
    height: 100%;
    object-fit: cover
}
```

> **小贴士**
>
> 图片已设置 img 通用样式。

【步骤九】建议部分制作

建议部分效果图如图 17-7 所示。

图 17-7　建议部分效果图

标题部分的制作同任务 6 中任务实施的【步骤八】，将尺寸改为 rem 单位即可。

HTML 结构如下：

```
<div class="con"><!-- 内容 -->
    <!-- 前面已写，这里省略 -->
    <div class="images">
        <!-- 前面已写，这里省略 -->
    </div>
    <div class="otherInfo">
        <div><span>建议游玩：</span> 4~5小时</div>
        <div><span>最佳游玩季节：</span> 4—10月</div>
        <div><span>电话：</span>0073-8885068</div>
        <div><span>船票：</span>磨盘山—阳朔　￥215；竹江—阳朔　￥360；免票：6周岁（含）及以下儿童</div>
        <div><span>开放时间：</span>全年10:00—21:00</div>
        <div><span>景区地址：</span>广西壮族自治区桂林市灵川县磨盘山漓江景区</div>
    </div>
</div><!-- con盒子结束 -->
```

CSS 样式如下：

```
.con .otherInfo{
  line-height: 1.375rem;
  font-size: 0.75rem;
}
.con .otherInfo div{
  padding-top:0.3rem;
}
.con .otherInfo div span{
  color:#4C89DA;
}
```

【步骤十】地图部分制作

地图部分的制作同任务 6 中任务实施的步骤九，将尺寸改为 rem 单位即可。

HTML 结构如下：

```
<div class="con"><!-- 内容 -->
    <!-- 前面已写，这里省略 -->
    < div class="otherInfo">
        <!-- 前面已写，这里省略 -->
    </div>
    <div class="map" id="container"><!-- 地图 -->

    </div>
</div><!-- .con盒子结束 -->
```

CSS 样式如下：

```
/* 景点详情地图 */
.map{
  margin-top: 1rem;
  height: 11.125rem;
}
```

在 head 里包含百度地图的 JavaScript 接口。

```
<!-- 引入地图 -->
<script type="text/javascript" src="https://api.map.baidu.com/api?v=1.0&type=webgl&ak=Bt6YtlAOAT0EmOHH1PVTOMaYehy2Znw9"></script>
```

在页面底部添加 script 标签，里面写上地图相关的 JavaScript 代码，代码里调用了百度地图的 JavaScript 方法，绘制了地图。

```
<script>
  // 插入百度地图
  var map = new BMapGL.Map("container");        // 创建地图实例
  var point = new BMapGL.Point(110.438262,25.153166); // 创建点坐标
  map.centerAndZoom(point, 16);                 // 初始化地图，设置中心点坐标和地图级别
  map.enableScrollWheelZoom(true);
  var point = new BMapGL.Point(110.438262,25.153166);
  var marker = new BMapGL.Marker(point);        // 创建标注
  map.addOverlay(marker);                       // 将标注添加到地图中
</script>
```

【步骤十一】评论部分制作

评论部分的制作同任务 6 中任务实施的步骤十，将尺寸改为 rem 单位即可。

HTML 结构如下：

```
<div class="con"><!-- 内容 -->
  <!-- 前面已写，这里省略 -->
  <div class="map" id="container"><!-- 地图 -->
  </div>
  <div class="comment">
        <div class="total">评论（20条）</div>
        <div class="d-flex addComment">
            <div class="avatImg">
                <img src="img/avat.jpg" class="commentAvat">
            </div>
            <input type="text" class="commentInput" placeholder="留下您对景点的评价吧~~">
            <button type="button" class="btnSubmit">提交</button>
        </div>
        <ul>
            <li class="d-flex">
                <div class="avatImg">
                    <img src="img/avat.jpg" class="commentAvat">
                </div>
                <div>
                    <div class="nichen">小猫炒鱼<span>2022-9-12</span></div>
                    <div class="message">沿途风景巨美，坐船上摇摇晃晃吹着海风，超级舒服，推荐推荐！</div>
                </div>
            </li>
```

```html
                <li class="d-flex">
                    <div class="avatImg">
                        <img src="img/avat.jpg" class="commentAvat">
                    </div>
                    <div>
                        <div class="nichen">小猫炒鱼<span>2022-9-12</span></div>
                        <div>桂林山水甲天下！</div>
                    </div>
                </li>
            </ul>
            <div class="more text-center">查看更多评论</div>
        </div><!-- comment结束 -->
    </div><!--.con盒子结束 -->
```

CSS 样式如下:

```css
.addComment{
  margin: 20px 0;
}
.avatImg{
  margin-right: 20px;/* 右边距 */
}
.avatImg .commentAvat {
  width: 40px;
  height: 40px;
}
.addComment input{
  line-height: 36px;
  height: 36px;
  border-radius: 18px;/* 圆角边框 */
  border:1px solid #CFCFCF;
  padding:0 20px;/* 上下内边距0,左右内边距20px */
  flex:1; /* 占据父元素剩下的全部宽度 */
}
.addComment .btnSubmit{
  border:none;
  background-color: #4B8AD9;/* 背景色 */
  color:#fff;/* 字体颜色 */
  border-radius: 18px;/* 圆角边框 */
  height: 36px;
  width: 100px;
  margin-left: 10px;
}
.nichen{
  color:#999;
  height: 34px;
}
.message{
  line-height: 26px;
  padding-bottom: 15px;
```

```
}
.nichen span{
    margin-left: 30px;
}
```

> **小贴士**
>
> 头像在下面的评论列表功能里还要用，因而头像的类 .avatImg 和 .commentAvat 写样式前，前面不加 .addComment。

任务拓展

制作岭南文化网移动端中的岭南曲艺详情页，效果如图 17-8 所示。左侧为手机访问效果，右侧为平板电脑访问效果。

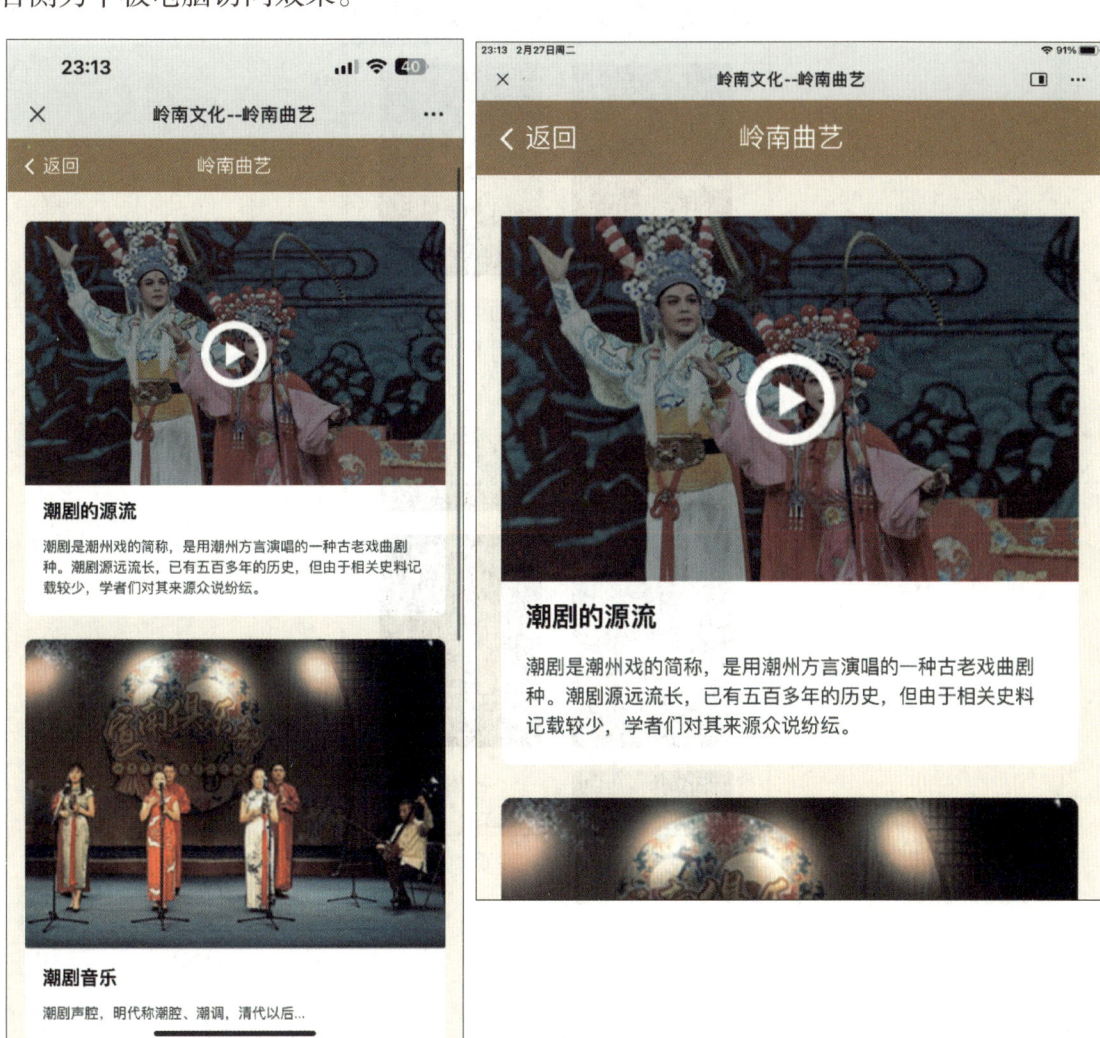

图 17-8　岭南曲艺详情页效果图

任务18 移动端景点列表页制作

任务描述

制作景点列表页，如图 18-1 所示。单击景点图片，可以进入任务 17 制作的景点详情页。

图 18-1 景点列表页效果图

任务目标

综合运用各项技能制作移动端景点列表页，比较景点列表页 PC 端和移动端的不同，体会开发人员如何调整页面以适应用户在使用 PC 端和移动端设备时的差异。

任务实施

【步骤一】新建 HTML 文件，引入 CSS 文件和 JavaScript 文件

在网站中新建 spot.html 文件，如图 18-2 所示。

图 18-2　新建 spot.html 效果图

设置 spot.html 的网页标题，设置移动端适配，引入 style.css 文件和 index.js 文件。

```
<meta charset="utf-8">
<title>岭南旅游网H5-自然风光</title>
<!-- 移动端适配 -->
<meta name="viewport" content="width=device-width, initial-scale=1.0, minimum-scale=1.0, maximum-scale=1.0, user-scalable=no">
<!-- 设置苹果手机顶部状态栏颜色 -->
<meta name="theme-color" content="#0689F3">
<link type="text/css" rel="stylesheet" href="css/style.css">
<script src="js/index.js"></script>
```

【步骤二】最外层盒子和顶部标题制作

最外层盒子和顶部标题的制作同任务 15 中任务实施的步骤四和步骤五。

HTML 结构如下：

```
<section class="wrap">
  <!-- 顶部标题 -->
  <header>
      <div class="navTag text-white text-center">
          <i class="icon_back"></i>
          自然风光
      </div>
  </header>
</section>
```

CSS 样式在前面已设置。

【步骤三】主体部分和景点卡片制作

在 .wrap 里，header 的下方插入一个类为 main 的 div 标签，在 .main 里插入一个类为 container 的 div，在 .main 里插入类为 box 的 div，.box 为景点卡片。景点卡片中有图和介绍文字，介绍文字是绝对定位，浮在图片上方。HTML 结构如下：

```html
<section class="wrap">
  <!-- 顶部标题 -->
  <header>
        <!-- 前面已写，这里省略 -->
  </header>
  <section class="main">
      <div class="container">
          <div class="box"><!-- 景点卡片1 -->
              <a href="spotDetail.html">
                  <div class="pic">
                      <img src="img/spot1.jpg" alt="">
                      <div class="desc">
                          <div class="spotName">漓江景区</div>
                          <div class="address">广西省桂林市阳朔县</div>
                      </div>
                  </div>
              </a>
          </div>
          <div class="box"><!-- 景点卡片2 -->
              <a href="spotDetail.html">
                  <div class="pic">
                      <img src="img/spot2.jpg" alt="">
                      <div class="desc">
                          <div class="spotName">万绿湖</div>
                          <div class="address">广东省河源市东源县</div>
                      </div>
                  </div>
              </a>
          </div>
      </div>
  </section>
</section>
```

CSS 样式如下：

```css
/* 景点列表 */
.container {
    width: 100%;
    display: flex;
    flex-wrap: wrap;
    justify-content: space-around;
}
.box {
    border-radius: 0.375rem;
    overflow: hidden;
```

```css
  width: 9.25rem;
  height: 12rem;
  margin-bottom: 1.25rem;
}
.box a {
  display: block;
  width: 100%;
  height: 100%;
}
.box a .pic {
  width: 100%;
  height: 100%;
  position: relative;
}
.box img{
  width: 100%;
  height: 100%;
  object-fit: cover;
}
.box:nth-child(2n){
  margin-right: 0;
}
.box .desc {
  position: absolute;
  width: 100%;
  box-sizing: border-box;
  padding: 0.5rem 1rem;
  z-index: 20;
  background: linear-gradient(to bottom, rgba(0,0,0,0), rgba(0,0,0,6));
  bottom: 0;
  color: #fff;
}
.box .pic .desc .spotName {
  font-size: 0.875rem;
}
.box .pic .desc .address {
  zoom: 0.55;
  color: #e5e5e5;
  padding: 0.625rem 0;
}
.box .pic .desc .address::before {
  content: "";
  display: inline-block;
  vertical-align: middle;
  width: 1.125rem;
  height: 1.25rem;
  margin-right: 0.375rem;
  background: url("../img/icon/icon_dingwei2.png") no-repeat center;
}
```

小贴士

代码里只包含了两个景点盒子，其余盒子同理。

任务拓展

制作岭南文化网移动端中的岭南工艺列表页，效果如图 18-3 所示。左侧为手机访问效果，右侧为平板电脑访问效果。

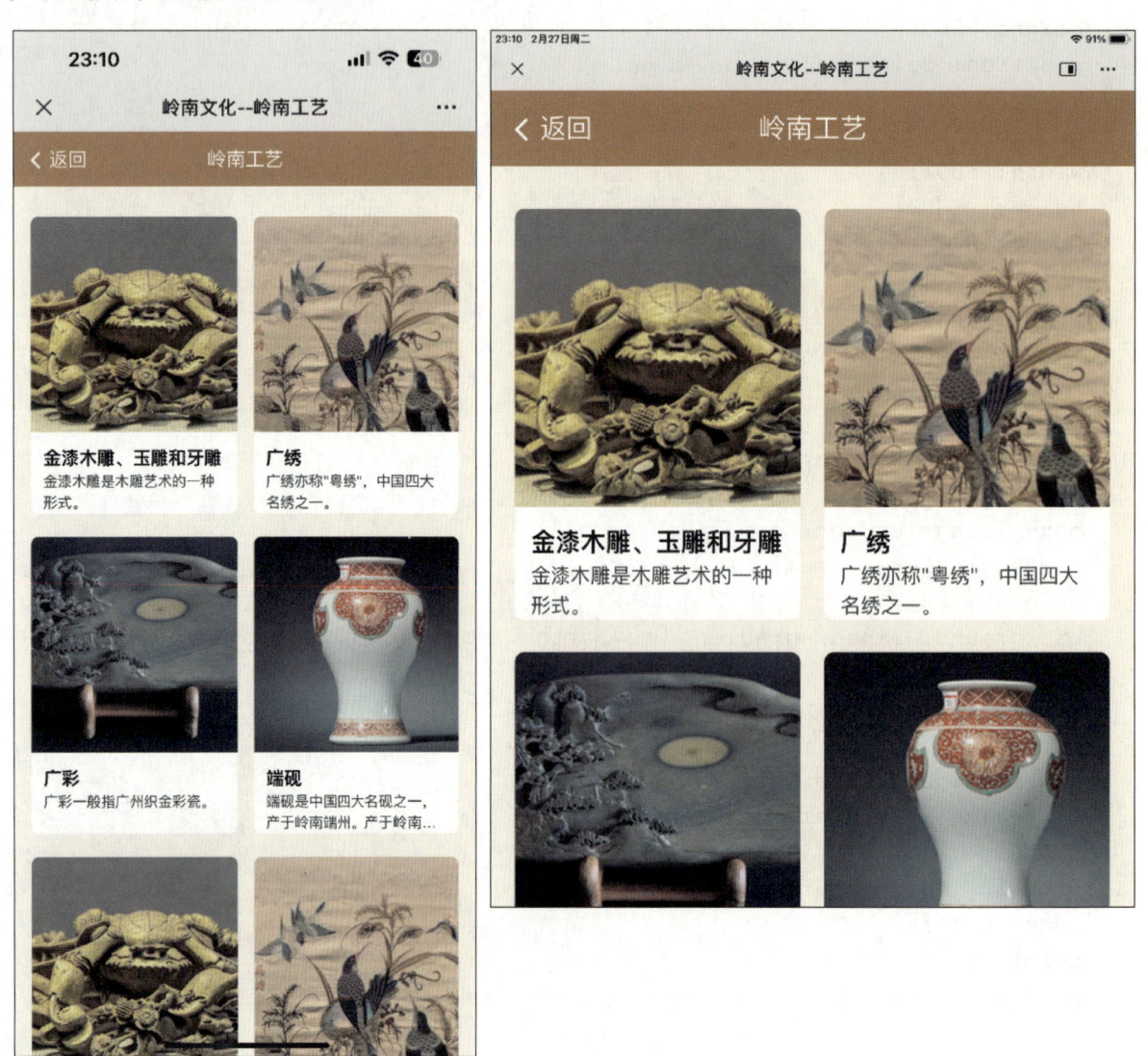

图 18-3　岭南工艺列表页效果图

任务19　移动端首页制作

任务描述

制作移动端首页，如图 19-1 所示，左侧为手机访问效果，右侧为平板电脑访问效果。

图 19-1　移动端首页在手机和平板电脑上的效果

任务目标

综合运用各项技能制作移动端首页，比较首页 PC 端和移动端的不同，体会开发人员如何调整页面以适应用户在使用 PC 端和移动端设备时的差异。

任务实施

【步骤一】新建 HTML 文件，引入 CSS 文件和 JavaScript 文件

在网站中新建 index.html 文件。

设置 index.html 的网页标题，设置移动端适配，引入 style.css 文件和 index.js 文件。

```html
<meta charset="utf-8">
<title>岭南旅游网H5</title>
<!-- 移动端适配 -->
<meta name="viewport" content="width=device-width, initial-scale=1.0, minimum-scale=1.0, maximum-scale=1.0, user-scalable=no">
<!-- 设置苹果手机顶部状态栏颜色 -->
<meta name="theme-color" content="#0689F3">
<link type="text/css" rel="stylesheet" href="css/reset.css" />
<link type="text/css" rel="stylesheet" href="css/style.css">
<script type="text/javascript" src="js/index.js"></script>
```

【步骤二】最外层盒子制作

最外层盒子的制作同任务 15 中任务实施的【步骤四】。

HTML 结构如下：

```html
<section class="wrap">

</section>
```

【步骤三】头部制作

头部效果图如图 19-2 所示。

图 19-2 头部效果图

1. 头部搜索框制作

在 .wrap 里插入一个 header 标签。

在 header 标签里插入一个类为 search 的 section 标签，为头部搜索框盒子，里面包含弹

性盒子排列的搜索框。

```html
<section class="wrap">
  <!-- 头部 搜索+轮播图 -->
  <header>
        <section class="search"><!--搜索-->
              <section class="searchForm d-flex">
                    <input type="text" placeholder="请输入想去的城市和景点">
              </section>
        </section>
  </header>
</section>
```

头部搜索部分浮在页面上方，因而设计为相对于页面绝对定位的盒子（父级元素没有设置 relative 类，而是以整个页面为浮动对象）。

CSS 样式如下：

```css
/* 头部搜索框 */
.search{
  display: flex;
  position: absolute;
  z-index: 1;
  width: 100%;
  max-width: 780px;
}
.searchForm{
  flex:1;
  margin:1.25rem;
  background-color: #fff;
  border-radius: 0.3125rem;
  height: 1.875rem;
  line-height: 1.875rem;
}
.searchForm::before{
  content:"";
  display: block;
  width: 0.875rem;
  height: 0.875rem;
  background: url("../img/icon/icon_search.jpg") no-repeat 0 0;
  margin:0.5625rem 0.875rem;
}
.search input{
  flex:1;
  border:none;
  margin-right: 1.25rem;
}
```

2. 头部轮播图制作

在 header 标签里，.search 的下方插入一个类为 banner 的 section 标签，为轮播图，里面包含轮播图列表和轮播图圆圈按钮。

HTML 结构如下：

```html
<header>
    <section class="search"><!--搜索-->
        <!-- 前面已写，这里省略 -->
    </section><!--搜索结束-->
    <section class="banner">
        <ul>
            <li><img src="img/banner3.png"></li>
            <li><img src="img/banner.jpg"></li>
            <li><img src="img/banner2.jpg"></li>
            <li><img src="img/banner3.png"></li>
            <li><img src="img/banner.jpg"></li>
        </ul>
        <!-- 轮播图中的小圆圈 -->
        <ol>
            <li class="current"></li>
            <li></li>
            <li></li>
        </ol>
    </section>
</header>
```

轮播图的样式和 PC 端相同。图片是左右轮播的，因而 ul 设置为 500%，每个图片的宽度为整个版心，因而 li 宽度设置为 ul 的 20%。轮播图的按钮浮在图片上方，因而相对于 banner 类绝对定位（banner 的 position 属性设置为 relative，按钮 ol 的 position 属性设置为 absolute）。

CSS 样式如下：

```css
/* 轮播图 */
.banner{
    width: 100%;
    height: 13.125rem;
    overflow: hidden;
    position: relative;
}
.banner ul {
    /* ul没有高度，里面的子元素又是浮动的，必然会引起格式混乱
    因此需要清除浮动 */
    overflow: hidden;
    width: 500%;
    /* 显示第一张图片，而不是复制的第三张图片 */
    margin-left: -100%;
}
.banner ul li{
    float: left;
    width: 20%;
    height: 13.125rem;
}
```

```css
.banner ul li img{
  width: 100%;
  height: 100%;
  object-fit: cover;
}
.banner ol {
  position: absolute;
  bottom: 5px;
  left:50%;
  transform: translateX(-50%);
  margin: 0;
}
.banner ol li {
  /* 使其变成行内块元素，就可以浮动一排显示 */
  display: inline-block;
  width: 0.5rem;
  height: 0.5rem;
  border-radius: 50%;
  background-color:#c9c9c9;;
  list-style: none;
  transition: all .3s;
}
.banner ol li.current {
  background-color: #fff;
}
```

【步骤四】服务类型部分制作

服务类型部分效果图如图19-3所示。

图19-3 服务类型部分效果图

在 .wrap 里，header 标签的下方插入一个类为 serveType 的弹性盒子 section 标签。

在 .serveType 里插入一个类为 tag 的 section 标签，这个标签带一个超链接，并且是弹性盒子，里面左边是文字，右边是图片。

HTML 结构如下：

```html
<section class="wrap">
  <!-- 头部 搜索+轮播图 -->
  <header>
  <!-- 前面已写，这里省略 -->
  </header>
  <!-- 服务类型 -->
  <section class="serveType d-flex d-f-between">
      <section class="tag">
          <a href="serve.html" class="d-flex d-f-center d-f-col-center">
              <span>住宿</span>
```

```html
                    <img src="img/icon/icon_zhus.jpg" alt="住宿">
                </a>
            </section>
            <!-- 同上，省略 -->
    </section>
</section>
```

设置两个通用类样式 d-f-center 和 d-f-col-center，分别设置弹性盒子主轴居中对齐和交叉轴居中对齐。CSS 样式如下：

```css
.d-f-center{ /* 主轴居中对齐 */
  justify-content: center;
}
.d-f-col-center{ /* 交叉轴居中对齐 */
  align-items: center;
}
```

设置盒子的圆角、大小、渐变背景色、字体等样式。CSS 样式如下：

```css
/* 服务类型 */
.serveType{
  margin:1rem;
}
.serveType .tag{
  font-size: 0.75rem;
  width: 5.125rem;
  height: 2rem;
  line-height: 2rem;
  border-radius: 1rem;
}
.serveType .tag img{
  width: 1rem;
  height:1rem;
  margin-left: 0.5rem;
}
.serveType .tag:nth-child(1){
  /* 设置渐变色 */
  background:linear-gradient(to right, #A9D6FF, #fff);
}
.serveType .tag:nth-child(2){
  background:linear-gradient(to right, #DFECE3, #fff);
}
.serveType .tag:nth-child(3){
  background:linear-gradient(to right, #F6E1C2, #fff);
}
.serveType .tag:nth-child(4){
  background:linear-gradient(to right, #FADDE1, #fff);
}
```

【步骤五】热门景点部分制作

热门景点部分效果图如图 19-4 所示。

图 19-4 热门景点部分效果图

在 .wrap 里，.serveType 的下方插入一个类为 hotSpot 的 section 标签。

.hotSpot 里第一部分是标题，用 h1 标签实现；第二部分是图片列表，用类为 hotSpotList 的 section 实现。.hotSpotList 又分为两部分，左边的大图和右边的小图组。左边的大图用类为 thumb 的 div 实现，里面插入一张图片和一个绝对定位的文字标签。右边的小图组用类为 otherType 的 div 实现，里面插入一个 ul 列表，每个列表项 li 是一个热门景点项，里面包含一张图片和一个绝对定位的文字标签。（和前面不同的另一种写法）

HTML 结构如下：

```html
<section class="wrap">
    <!-- 前面已写，这里省略 -->
    <section class="serveType d-flex d-f-between">
        <!-- 前面已写，这里省略 -->
    </section>
    <!-- 热门景点 -->
    <section class="hotSpot">
        <h3>热门景点</h3>
        <section class="hotSpotList d-flex d-f-between"><!-- 图片列表 -->
            <div class="thumb"><!-- 左边大图 -->
                <a href="spot.html">
                    <img src="img/spotImg1.png">
                    <div class="title d-flex d-f-col-center">
                        <p class="text-center text-white">红色景点<br>Red Toursim</p>
                    </div>
                </a>
            </div>
            <div class="otherType"><!-- 右边小图组 -->
                <ul class="d-flex d-f-between d-f-col-between d-f-wrap d-a-between">
                    <li>
                        <a href="spot.html">
                            <img src="img/spotImg2.png">
                            <div class="title d-flex d-f-col-center">
                                <p class="text-center text-white">自然风光<br>Red Toursim</p>
                            </div>
                        </a>
```

```
                        </li>
                        <!-- 同上，省略 -->
                    </ul>
                </div>
            </section>
        </section>
    </section>
```

> **小贴士**
>
> 小图组每个 li 里的结构都相同，和左边大图的结构也是一样的。

设置两个弹性盒子通用类样式 d-f-wrap 和 d-a-between，d-f-wrap 样式是设置弹性盒子的子盒子超出宽度时换行，d-a-between 样式是设置弹性盒子交叉轴上的默认对齐方式为两端对齐。CSS 样式如下：

```css
.d-f-wrap{
  flex-wrap: wrap;
}
.d-a-between{
  align-content:space-between;
}
```

设置左边大图和右边小图组的宽度、高度和圆角边框；设置每个图片相对定位，图片上的文字绝对定位，以实现文字浮在图片的上方。CSS 样式如下：

```css
/* 热门景点 */
.hotSpot{
  margin:0 1.25rem;
}
.hotSpotList{
  margin: 1rem 0;
}
.hotSpotList .thumb{
  position: relative; /* 绝对定位的父级元素设置为相对定位 */
  margin-right: 0.625rem;
  height: 7.25rem;
  width: 8.25rem;
  border-radius: 0.5rem;
  overflow: hidden;
}
.hotSpotList .otherType{
  flex:1;
}
.hotSpotList ul{
  height: 7.25rem;
}
.hotSpotList ul li{
  width: 6.25rem;
```

```css
    height: 45%;
    position: relative; /* 绝对定位的父级元素设置为相对定位 */
    border-radius: 0.5rem;
    overflow: hidden;
}
.hotSpotList img{
    width: 100%;
    height: 100%;
    border-radius: 0.5rem;
    object-fit: cover;
}
.hotSpot .title{
    top:0;
    left:0;
    position: absolute; /* 绝对定位,文字浮于图片上方 */
    width: 100%;
    height: 100%;
    background-color: rgba(0, 0, 0, .2);
}
.hotSpotList ul li p{
    width: 100%;
    font-size: 0.625rem;
}
.hotSpotList .thumb p{
    width: 100%;
    font-size: 0.875rem;
}
```

【步骤六】旅游攻略部分制作

旅游攻略部分效果图如图 19-5 所示。

图 19-5　旅游攻略部分效果图

在 .wrap 里，.hotSpot 的下方插入一个类为 method 的 section 标签。里面包含两部分，一部分是 h3 标题，另一部分是列表，类为 methodList，在 .methodList 里插入一个 ul，ul 里的每个 li 是一个攻略项，里面包含图片、文字和作者信息。

```html
<section class="wrap">
    <!-- 前面已写，这里省略 -->
    <section class="hotSpot">
        <!-- 前面已写，这里省略 -->
    </section>
    <!-- 旅游攻略 -->
    <section class="method">
        <h3>旅游攻略</h3>
        <section class="methodList">
            <ul class="d-float-clear">
                <li>
                    <a href="methodDetail.html">
                        <img src="img/methodImg1.jpg">
                        <div class="desc">美丽惠东巽寮湾：美景与美食的美好之旅美丽惠东巽寮湾：美景与美食的美好之旅美丽惠东巽寮湾：美景与美食的美好之旅美丽惠东巽寮湾：美景与美食的美好之旅</div>
                        <div class="methodTitle d-flex d-f-between d-f-col-center">
                            <div class="userInfo d-flex d-f-col-center">
                                <img src="img/avat.jpg" class="avat">
                                <div class="methodName">小猫炒鱼小猫炒鱼</div>
                            </div>
                            <div class="btn">达人推荐</div>
                        </div>
                    </a>
                </li>
                <!-- 同上，省略 -->
            </ul>
        </section>
    </section>
</section>
```

.method 设置宽度和高度（16.0625 rem），并设置溢出隐藏，.methodList 宽度设置得跟 .method 一样，设置横向滚动条，.methodList（高 15 rem）和上面 h3 标题（高 2 rem）的总高度设置得比外层的 .method 高，这样位于 .methodList 底部的横向滚动条就可以隐藏起来。

ul 标签的宽度设置为几个 li 的总宽度之和，所有 li 为横向排列，由于有溢出隐藏，能显示的只是其中几个攻略，划动时，滚动条滚动，就可以看到其他攻略了，如图 19-6 所示。

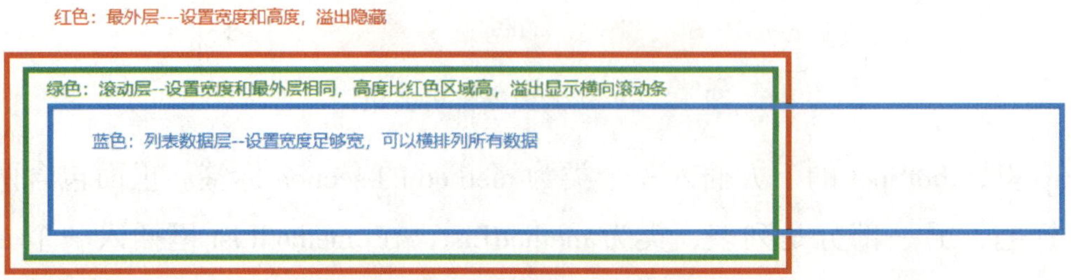

图 19-6　滚动条隐藏示意图

CSS 样式如下:

```css
/* 旅游攻略 */
.method{
  margin:0 1.25rem;
  height: 16.0625rem;
  overflow: hidden;/* 溢出隐藏 */
}
.method h3{
  /* h3和.methodList的总高度高于.method的高度,隐藏横向滚动条 */
  height: 2rem;
}
.methodList{
  /* h3和.methodList的总高度高于.method的高度,隐藏横向滚动条 */
  height: 15rem;
  width: 100%;
  overflow-x: auto;
}
.methodList ul{
  width: 39rem;/* 几个li的总宽度 */
}
.methodList ul li{
  float: left;/* 横向排列 */
  box-shadow: -0.375rem 0 0.75rem 0 rgba(76,76,76,0.11);/* 盒子阴影 */
  width: 8.875rem;
  margin-right: 0.9375rem;
  padding-bottom: 0.5rem;
  border-radius: 0.3125rem;
  overflow: hidden;
}
.methodList ul li:last-child{
  margin-right: 0;/* 最后一个攻略的右边没有边距 */
}
.methodList ul li img{
  width: 100%;
  height: 9.0625rem;
  object-fit: cover;
}
.methodList ul li .desc{
  text-indent: 2em;
  margin:0.5rem;
  line-height: 0.8rem;
  font-size: 0.58rem;
  display: -webkit-box; /*将对象作为弹性伸缩盒子模型显示*/
  overflow: hidden;
  white-space: normal !important;
  text-overflow: ellipsis;
  word-wrap: break-word;
  -webkit-line-clamp: 2; /*限制在一个块元素显示的文本的行数*/
  -webkit-box-orient: vertical; /*设置或检索伸缩盒对象的子元素的排列方式*/
```

```css
}
.methodList ul li .methodTitle{
  padding:0 0.5rem;
}
.methodList ul li .methodTitle .btn{
  background-color: #FFA149;
  border-radius: 15px;
  height: 1rem;
  line-height: 1rem;
  width: 3.625rem;
  color:#fff;
  font-size: 0.58rem;
  text-align: center;
}
.methodList ul li .userInfo{
  font-size: 0.6rem;
}
.methodList ul li .userInfo .methodName{
  padding-left: 0.1rem;
  width: 4rem;/* 三个属性设置多余的字符用点代替 */
  text-overflow: ellipsis;/* 三个属性设置多余的字符用点代替 */
  overflow: hidden;/* 三个属性设置多余的字符用点代替 */
  white-space: nowrap;
  padding-right: 0.1rem;
  /* zoom: 0.9; */
}
.methodList ul li .userInfo img{
  width: 1rem;
  height: 1rem;
}
```

【步骤七】最新动态部分制作

最新动态部分效果图如图 19-7 所示。

在 .wrap 里，.method 的下方插入一个类为 news 的 section 标签。

.news 里第一部分是标题，用 h3 标签实现；第二部分是新闻列表，用 div 实现，这个 div 的布局和样式与任务 16 里新闻列表页的样式相同，只是字体小一些，因而还是用同样的 newsList 类，另加上一个 smallText 类，用来设置小字体。再加上一个 newsDes 类，用来设置描述文字的样式。.newsList 里插入一个 ul 列表，每个列表项 li 为一条新闻，里面包含左边的一张图片和右边的标题及内容缩略文字，布局采用弹性盒子布局。

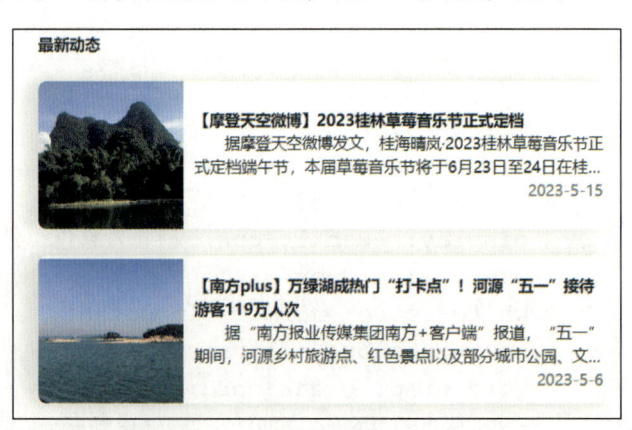

图 19-7 最新动态部分效果图

HTML 结构如下：

```
<section class="wrap">
  <!-- 前面已写，这里省略 -->
  <section class="method">
        <!-- 前面已写，这里省略 -->
  </section>
  <!-- 最新动态 -->
  <section class="news">
      <h3>最新动态</h3>
      <div class="newsList smallText">
          <ul>
              <li>
                  <!-- 弹性盒子布局 -->
                  <a href="newDetail.html" class="d-flex d-f-between">
                      <div class="newsThumb">
                          <img src="img/newsImg2.png">
                      </div>
                      <div class="newsDetail d-flex d-f-dir d-f-between ">
                          <div class="newsTitle">【摩登天空微博】2023桂林草莓音乐节正式定档</div>
                          <div class="newsDes">据摩登天空微博发文，桂海晴岚·2023桂林草莓音乐节正式定档端午节，本届草莓音乐节将于6月23日至24日在桂林市七星区桂海晴岚国际旅游度假区举行。</div>
                          <div class="newsTime">2023-5-15</div>
                      </div>
                  </a>
              </li>
              <!-- 同上，省略 -->
          </ul>
      </div>
  </section>
</section>
```

newsList 类及子元素的样式在任务16步骤三中已经设置，首页的字体较小，所以再添加一个 smallText 类。首页比任务16步骤三的新闻列表页多了新闻描述，所以再添加一个 newsDes 类，CSS 样式如下：

```
/* 最新动态 */
.news{
  margin:1rem 1.25rem 4.75rem;
}
.newsList.smallText{
  line-height: 0.85rem;
  font-size: 0.58rem;
}
.newsList .newsDes{
  text-indent: 2em;/* 首行缩进2字符 */
```

```
display: -webkit-box; /*将对象作为弹性伸缩盒子模型显示*/
overflow: hidden;
white-space: normal !important;
text-overflow: ellipsis;/* 多余的文字用点省略 */
word-wrap: break-word;/* 多余的文字用点省略 */
-webkit-line-clamp: 2; /*限制在一个块元素显示的文本的行数*/
-webkit-box-orient: vertical; /*设置或检索伸缩盒对象的子元素的排列方式*/
text-align: justify;
}
```

【步骤八】底部导航部分制作

底部导航部分效果图如图 19-8 所示。

图 19-8 底部导航部分效果图

在 .wrap 里，.news 的下方插入一个 nav 标签。

nav 里面插入一个 ul 标签，ul 是弹性盒子，里面的每个 li 为一个导航项，每个导航项里包含图片和导航文字。

HTML 结构如下：

```html
<section class="wrap">
  <!-- 前面已写，这里省略 -->
  <section class="news">
        <!-- 前面已写，这里省略 -->
  </section>
  <!-- 底部导航 -->
  <nav>
        <ul class="d-flex d-f-around d-f-col-center">
            <li>
                <a href="index.html">
                    <img src="img/icon/icon_home.jpg">
                    <h2>首页</h2>
                </a>
            </li>
            <!-- 同上，省略 -->
        </ul>
  </nav>
</section>
```

d-flex 和 d-f-col-center 的样式已经在前面设置了。编写一个通用样式 d-f-around，设置弹性盒子两端对齐。CSS 样式如下：

```css
.d-f-around{
  justify-content:space-around;
}
```

其他元素的 CSS 样式如下：

```
/* tabNav底部导航 */
nav{
  position: fixed;/* 导航固定在页面底部 */
  bottom: 0;/* 导航紧贴页面底部 */
  z-index: 999;
  width: 100%;
  max-width: 780px;
  height: 3.75rem;
  background-color: #4b89da;
}
nav h2{
  color:#fff;
  font-size: 0.75rem;
  font-weight: normal;
  text-align: center;
  padding-top: 0.45rem;
}
nav ul{
  width: 100%;
  height: 100%;
}
nav ul li img{
  margin: 0 auto;
}
```

任务拓展

制作岭南文化网移动端中的首页，效果如图19-9所示。左侧为手机访问效果，右侧为平板电脑访问效果。

图 19-9　岭南文化网首页效果图（部分）

任务20 屏幕适配PC或者移动端

任务描述

用户访问岭南旅游网的页面，网站能根据用户使用的终端（PC电脑或者手机），指向PC端页面或者移动端页面。

任务目标

掌握屏幕适配的原理和知识。能编写代码，根据用户的屏幕适配PC端页面或者移动端页面。提升使用信息技术满足用户个性化需求的意识，提升使用技术服务用户的意识。

相关知识

屏幕适配是指根据不同的设备尺寸和分辨率调整界面元素的初始尺寸和排列顺序，以提供最佳的用户体验。在移动端，由于不同的手机尺寸和分辨率的差异很大，适配是非常重要的，以确保界面在不同的设备上都能够正确显示，并且操作起来很流畅。

在Web开发中，通常采用自适应设计或响应式设计来完成屏幕适配。可以考虑以下几种常见的方法和技术：

20.1 媒体查询

使用CSS中的媒体查询，根据设备的屏幕尺寸和特性来应用不同的样式规则。通过设置不同的断点，可以针对不同的屏幕尺寸和分辨率，为页面提供相应的适配方案。语法格式为：@media screen and（max-width: 960px）{ /* 样式设置 */}，表示媒体类型为screen并且屏幕宽度小于或等于960px时的样式。

示例代码如下：

```
body{
  background-color: red;
}
@media (min-width: 320px){
  body {
        background-color: blue;
  }
```

```
}
@media (min-width: 414px) {
  body {
      background-color: yellow;
  }
}
@media (min-width: 768px) {
  body {
      background-color: grey;
  }
}
@media (min-width: 960px) {
  body {
      background-color: pink;
  }
}
```

在页面运用以上 CSS 代码后，随着屏幕尺寸从大到小，页面呈现不同的背景颜色，分别是粉色、灰色、黄色和蓝色。

20.2 弹性布局

弹性布局：将容器设置 display: flex。这种布局方式可以使页面的元素在不同屏幕上自由伸缩，并保持良好的显示效果。通过媒体查询来判断屏幕大小，使用弹性布局来改变页面的布局方式。弹性布局的 order 来改变排序，flex 的值可以改变子元素所占比例。

当屏幕大于 640px	当屏幕小于 640px
flex-flow: row;/* 子元素按横轴方向顺序排列 */	flex-flow: column; /* 弹性盒子中的子元素按纵轴方向排列 */

示例代码如下：

HTML 结构：

```
<header>header</header>
<div class="main">
<article>article</article>
<nav>nav</nav>
<aside>aside</aside>
</div>
<footer>footer</footer>
```

CSS 样式：

```
body {
  font: 24px Helvetica;
  background: #fff;
}
.main {
  min-height: 500px;
```

```css
    margin: 0px;
    padding: 0px;
    display: flex;/*设置该div为一个弹性盒容器*/
    flex-flow: row;/*子元素按横轴方向顺序排列*/
}
.main > article {
    margin: 4px;
    padding: 5px;
    border-radius: 7pt;/*pt也是文字大小的一种单位，1pt=px*3/4 */
    background:green;/* #719DCA */
    flex: 3;/*用数字也可以达到分配宽度的效果，将容器分为5份，占3份*/
    order: 2;/*排序为第2个子元素*/
}
.main > nav {
    margin: 4px;
    padding: 5px;
    border-radius: 7pt;
    background: #FFBA41;
    flex: 1;/*将容器分为5份，占1份*/
    order: 1;/*排序为第1个子元素*/
}
.main > aside {
    margin: 4px;
    padding: 5px;
    border-radius: 7pt;
    background: #FFBA41;
    flex: 1;/*将容器分为5份，占1份*/
    order: 3;/*排序为第3个子元素*/
}
header, footer {
    display: block;
    margin: 4px;
    padding: 5px;
    min-height: 100px;
    border: 2px solid #FFBA41;
    border-radius: 7pt;
    background: #FFF;
}
@media all and (max-width: 640px) {/*当屏幕小于640px时*/
    .main {
        flex-flow: column; /*弹性盒子中的子元素按纵轴方向排列*/
    }
    .main > article, .main > nav, .main > aside {
        order: 0; /*将子元素都设置成同一个值，指按自然顺序排列*/
    }
    .main > nav, .main > aside, header, footer {
        min-height: 50px;
        max-height: 50px;
    }
```

效果如图 20-1 和图 20-2 所示。

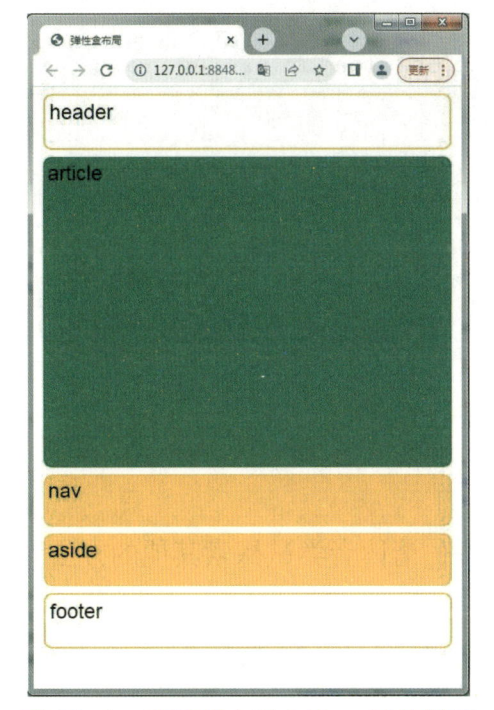

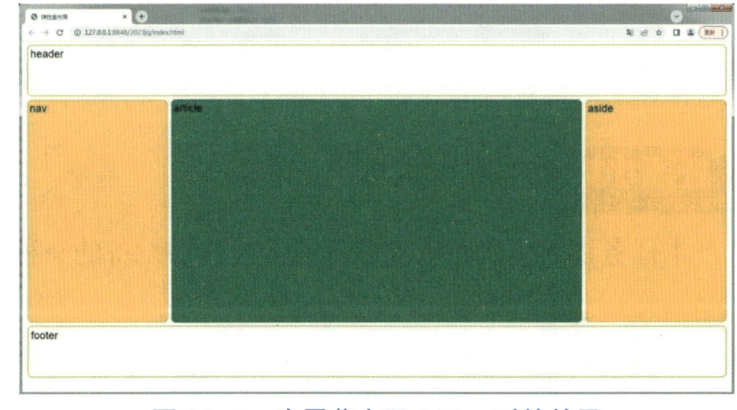

图 20-1　当屏幕小于 640px 时的效果

图 20-2　当屏幕大于 640px 时的效果

20.3　两种方案

在实际应用中，针对移动端和 PC 端网页的适配问题，往往是做两套不同的方案。移动端设计一套相关页面，PC 端设计另一套。先使用 JS 判断设备类型，根据不同设备类型，跳转到相对应的页面中。

示例代码如下：

```
<script type="text/javascript">
  const isMobile=/isMobile|Android|iPhone/i.test(navigator.userAgent);
  console.log(isMobile);
  if(isMobile==true){
        window.location="mobile.html"//跳转到移动端页面
  }
  else{
        window.location="pc.html"  //跳转到PC端页面
  }
</script>
```

任务实施

新建一个文件夹 travelAll，将 PC 端网站文件夹 travel 和移动端网站文件夹 travelH5 放进去，编写 JavaScript 代码，即可实现。

代码如下:

```javascript
<script type="text/javascript">
  const isMobile=/isMobile|Android|iPhone/i.test(navigator.userAgent);
  console.log(isMobile);
  if(isMobile==true){
        window.location="travelH5/index.html"//跳转到移动端页面
  }
  else{
        window.location="travel/index.html " //跳转到PC端页面
  }
</script>
```

任务小结

本任务讲解了判断用户设备是否为移动设备的一种方法,请读者尝试探索其他的方法。

知识点习题

1.(单选题)弹性盒子中,改变主轴方向的样式是哪个?(　　)

A. flex-wrap　　　　B. justify-content　　　C. align-content　　　D. flex-direction

2.(单选题)关于@media all and(max-width: 640px),以下哪个说法是正确的?(　　)

A. 当屏幕大于640px时　　　　　　B. 当屏幕等于640px时

C. 当屏幕小于640px时　　　　　　D. 当屏幕不等于640px时

3.(多选题)如何让元素宽、高自适应(　　)。

A. 给元素设置 width:100px

B. 给元素设置 width:100%

C. 如果元素是块状元素默认宽度就是100%

D. 给元素设置 width:auto

4.(多选题)媒体查询包含以下哪几个部分?(　　)

A. 媒体类型　　　　B. 条件　　　　C. 分辨率　　　　D. 样式

5.(单选题)以下不属于justify-content值的是(　　)。

A. flex-start　　　　B. center　　　　C. space-between　　　D. end

网站制作案例教程
任务工单

班级: _____

姓名: _____

学号: _____

北京理工大学出版社
BEIJING INSTITUTE OF TECHNOLOGY PRESS

目　录

项目一　PC 端页面制作——以岭南旅游网为例 1
- 任务 1　新建网站任务工单 1
- 任务 2　简单详情页主体部分制作任务工单 2
- 任务 3　页脚制作任务工单 4
- 任务 4　导航制作任务工单 5
- 任务 5　头部制作任务工单 6
- 任务 6　复杂详情页制作任务工单 7
- 任务 7　热门景点列表页制作任务工单 9
- 任务 8　旅游攻略列表页制作任务工单 11
- 任务 9　联系我们页制作任务工单 13
- 任务 10　首页制作任务工单 15
- 任务 11　网站轮播图特效任务工单 17
- 任务 12　公告栏滚动特效任务工单 18
- 任务 13　图片展示特效任务工单 19
- 任务 14　表单输入验证特效任务工单 20

项目二　移动端页面制作——以岭南旅游网为例 21
- 任务 15　移动端新闻详情页制作任务工单 21
- 任务 16　移动端新闻列表页制作任务工单 23
- 任务 17　移动端景点详情页制作任务工单 24
- 任务 18　旅游攻略列表页制作任务工单 26
- 任务 19　移动端首页制作任务工单 27

项目一　PC 端页面制作——以岭南旅游网为例

任务 1　新建网站任务工单

姓名:		班级:	
学号:		日期:	
任务要求	colspan	新建网站，清晰规划网站里文件的存放路径	

一、任务实施与检查

步骤	要点	是否完成
1. 创建项目	（1）项目存放在合适的位置	
	（2）项目里有 css、js 和 img 文件夹	
2. 保存图片素材	（1）图片已经存放到 img 文件夹里	

二、任务调试记录

问题现象描述	原因分析及解决方法

三、任务评价

序号	考核指标	所占分值	得分	评语
1	工作态度	20		
2	任务完成情况	40		
3	任务完成质量	40		

指导教师:

任务2　简单详情页主体部分制作任务工单

姓名：		班级：	
学号：		日期：	
任务要求	制作关于岭南图文混排页面		

一、任务实施与检查

步骤	要点		是否完成
1. 新建 HTML 文件	（1）文件存放在项目文件夹根目录		
	（2）文件命名正确，后缀名正确		
2. 新建和引入 CSS 文件	（1）文件存放在 css 文件夹里		
	（2）文件命名正确，后缀名正确		
	（3）正确使用相对路径引入 CSS 文件		
3. 编写 CSS 样式，去除元素自带边距	（1）标签选择器齐全		
	（2）样式正确完整		
4. 版心盒子制作	（1）盒子居中		
	（2）盒子宽度正确		
5. 当前位置部分制作	（1）在版心左上方		
	（2）文字正确		
	（3）"首页"链接正确		
6. 标题部分制作	（1）文字居中		
	（2）字体大小正确		
7. 正文部分制作	（1）盒子有阴影		
	（2）文字和图片居中		
	（3）每段文字首行缩进两字符		

二、任务调试记录

问题现象描述	原因分析及解决方法

三、任务评价

序号	考核指标	所占分值	得分	评语
1	工作态度	20		
2	任务完成情况	40		
3	任务完成质量	40		

指导教师：

任务3　页脚制作任务工单

姓名:		班级:	
学号:		日期:	
任务要求	制作页脚，呈现版权信息		

一、任务实施与检查

步骤	要点	是否完成
1.搭建HTML结构	（1）页脚有三行文字，一行分割线	
2.编写CSS样式	（1）背景色为蓝色	
	（2）文字颜色为白色	
	（3）文字居中	

二、任务调试记录

问题现象描述	原因分析及解决方法

三、任务评价

序号	考核指标	所占分值	得分	评语
1	工作态度	20		
2	任务完成情况	40		
3	任务完成质量	40		

指导教师：

任务 4 导航制作任务工单

姓名:		班级:	
学号:		日期:	
任务要求		制作导航	

一、任务实施与检查

步骤	要点	是否完成
1. 搭建 HTML 结构	（1）导航项目正确	
2. 编写 CSS 样式	（1）导航居中	
	（2）文字颜色为白色	
	（3）导航项目横向排列	

二、任务调试记录

问题现象描述	原因分析及解决方法

三、任务评价

序号	考核指标	所占分值	得分	评语
1	工作态度	20		
2	任务完成情况	40		
3	任务完成质量	40		

指导教师：

任务 5 头部制作任务工单

姓名：		班级：	
学号：		日期：	
任务要求	制作头部，呈现 Logo、网站名、搜索等		

一、任务实施与检查

步骤	要点	是否完成
1.搭建 HTML 结构	（1）Logo、文字、文本框、按钮齐全	
2.编写 CSS 样式	（1）背景色为蓝色	
	（2）主体部分居中	
	（3）各部分垂直对齐	

二、任务调试记录

问题现象描述	原因分析及解决方法

三、任务评价

序号	考核指标	所占分值	得分	评语
1	工作态度	20		
2	任务完成情况	40		
3	任务完成质量	40		

指导教师：

任务 6　复杂详情页制作任务工单

姓名:		班级:	
学号:		日期:	
任务要求		制作景点详情页	

一、任务实施与检查

步骤	要点	是否完成
1. 新建文件，引入 CSS 文件	（1）文件命名正确	
	（2）正确使用相对路径引入 CSS 文件	
2. 版心盒子制作	（1）设置了版心盒子	
3. 当前位置部分制作	（1）在版心左上方	
	（2）文字正确	
	（3）"首页"链接正确	
4. 标题部分制作	（1）文字正确，大小合适，字体颜色为蓝色	
5. tag 部分制作	（1）圆角边框美观	
	（2）背景色为橙色，字体颜色为白色	
6. 图片部分制作	（1）图片大小合适	
	（2）图片没有变形	
	（3）右下角有"查看所有图片"按钮	
7. 正文部分制作	（1）正文字体大小和间距合适，首行缩进 2 字符	
8. 建议部分制作	（1）"建议游玩"等提示字体颜色为蓝色	
9. 地图部分制作	（1）地图正确显示	
10. 评论部分制作	（1）头像大小合适	
	（2）提交评论部分，各控件垂直居中对齐	

二、任务调试记录

问题现象描述	原因分析及解决方法

三、任务评价

序号	考核指标	所占分值	得分	评语
1	工作态度	20		
2	任务完成情况	40		
3	任务完成质量	40		

指导教师：

任务 7 热门景点列表页制作任务工单

姓名:		班级:	
学号:		日期:	
任务要求	制作热门景点列表页		

一、任务实施与检查

步骤	要点	是否完成
1. 新建文件，引入 CSS 文件	（1）文件命名正确	
	（2）正确使用相对路径引入 CSS 文件	
2. 版心盒子制作	（1）设置了版心盒子	
3. 选项卡部分制作	（1）选项卡文字正确	
	（2）选项卡各部分宽度一致	
	（3）第一个选项卡为当前选项卡的样式，背景色为蓝色，字体为白色	
4. 景点卡片部分制作	（1）景点卡片大小合适	
	（2）各景点卡片在父级元素中均匀排列	
	（3）卡片有阴影	
	（4）卡片里的图片大小合适，没有变形	
	（5）"5A"为红色底色，白色字体	
	（6）"5A"位置正确	
	（7）地址前有正确的图标	
	（8）电话前有正确的图标	

二、任务调试记录

问题现象描述	原因分析及解决方法

三、任务评价

序号	考核指标	所占分值	得分	评语
1	工作态度	20		
2	任务完成情况	40		
3	任务完成质量	40		

指导教师：

任务 8 旅游攻略列表页制作任务工单

姓名：		班级：	
学号：		日期：	
任务要求	colspan	制作旅游攻略列表页	

一、任务实施与检查

步骤	要点	是否完成
1.新建文件，引入CSS文件，制作版心	（1）文件命名正确	
	（2）正确使用相对路径引入CSS文件	
	（3）设置了版心盒子	
2.标题部分制作	（1）标题位置正确	
	（2）标题前有蓝色竖线	
	（3）标题后有蓝色英文	
	（4）标题下方有灰色分割线	
3.攻略列表部分制作	（1）列表整体盒子的外面有阴影	
	（2）列表项左侧图片大小合适，没有变形	
	（3）列表项右侧用户头像大小合适，位置正确	
	（4）列表项右侧"达人推荐"背景色为橙色，字体颜色为白色，位置正确	
	（5）列表项右侧攻略正文位置正确，首行缩进2字符	
	（6）列表项右侧"查看更多"链接位置正确	
	（7）列表项下方有灰色分割线	
4.翻页部分制作	（1）有页码方框、"<<"和">>"方框，各方框分布美观	

二、任务调试记录	
问题现象描述	原因分析及解决方法

三、任务评价

序号	考核指标	所占分值	得分	评语
1	工作态度	20		
2	任务完成情况	40		
3	任务完成质量	40		

指导教师：

任务 9　联系我们页制作任务工单

姓名:		班级:	
学号:		日期:	
任务要求		制作联系我们页	

一、任务实施与检查

步骤	要点	是否完成
1. 新建文件，引入 CSS 文件，制作版心	（1）文件命名正确	
	（2）正确使用相对路径引入 CSS 文件	
	（3）设置了版心盒子	
2. 当前位置部分制作	（1）在版心左上方	
	（2）文字正确	
	（3）"首页"链接正确	
3. 联系我们卡片部分制作	（1）左侧联系信息卡片部分有灰色边框	
	（2）左侧联系信息卡片的标题部分有蓝色竖线和蓝色英文	
	（3）右侧留言卡片部分有灰色边框	
	（4）右侧留言卡片部分顶部有红色文字	
	（5）右侧留言卡片部分有姓名、手机、微信、邮箱和内容 5 个部分，各部分排列正确	
	（6）右侧留言卡片部分的提交按钮居中，蓝色底色和白色字体	

二、任务调试记录

问题现象描述	原因分析及解决方法

三、任务评价

序号	考核指标	所占分值	得分	评语
1	工作态度	20		
2	任务完成情况	40		
3	任务完成质量	40		

指导教师：

任务 10 首页制作任务工单

姓名:		班级:	
学号:		日期:	
任务要求	制作首页		

一、任务实施与检查

步骤	要点	是否完成
1. 新建文件，引入 CSS 文件，制作版心	（1）文件命名正确	
	（2）正确使用相对路径引入 CSS 文件	
	（3）设置了版心盒子	
2. 公告部分制作	（1）位于版心顶端，背景色为白色	
	（2）最左侧有一个喇叭标签	
3. 轮播图和关于岭南部分制作	（1）左侧轮播图部分的图片大小合适，没有变形	
	（2）左侧轮播图部分的图片上有圆点	
	（3）右侧关于岭南部分的标题前有蓝色竖线，后有蓝色英文	
	（4）右侧关于岭南部分的正文排列美观，首行缩进两字符	
	（5）右侧关于岭南部分的正文最末有蓝色的"点击查看详情"链接	
4. 热门景点部分制作	（1）热门景点标题前有蓝色竖线，后有蓝色英文，下有灰色分割线	
	（2）各类景点图片大小合适，没有变形	
	（3）各类景点图片上有该景色类别的标题文字	
5. 旅游攻略和热门推荐部分制作		
6. 旅游服务部分制作		
7. 最新动态部分制作		

二、任务调试记录

问题现象描述	原因分析及解决方法

三、任务评价

序号	考核指标	所占分值	得分	评语
1	工作态度	20		
2	任务完成情况	40		
3	任务完成质量	40		

指导教师：

任务 11 网站轮播图特效任务工单

姓名:		班级:	
学号:		日期:	
任务要求	制作首页轮播图轮播特效，几张图片轮流播放			

一、任务实施与检查

步骤	要点	是否完成
轮播图特效	（1）轮播图隔 3 秒钟切换一张图片	
	（2）轮播图切换时向左移动，顺畅无卡顿	
	（3）轮播图切换时，图上选中的小圆点也跟着切换	
	（4）最后一张图播完后，切换回第一张图，再次从第一张图开始轮播	
	（5）鼠标悬停在图片上方时，轮播停止	

二、任务调试记录

问题现象描述	原因分析及解决方法

三、任务评价

序号	考核指标	所占分值	得分	评语
1	工作态度	20		
2	任务完成情况	40		
3	任务完成质量	40		
				指导教师:

任务12　公告栏滚动特效任务工单

姓名：		班级：	
学号：		日期：	
任务要求	制作公告栏滚动特效，首页的公告能横向持续滚动		

一、任务实施与检查

步骤	要点	是否完成
公告栏滚动特效	（1）滚动速度合适	
	（2）滚动流畅，中间无卡顿	
	（3）滚动持续，不会自己停下来	
	（4）鼠标悬停在公告栏上方时，滚动停止	

二、任务调试记录

问题现象描述	原因分析及解决方法

三、任务评价

序号	考核指标	所占分值	得分	评语
1	工作态度	20		
2	任务完成情况	40		
3	任务完成质量	40		

指导教师：

任务 13　图片展示特效任务工单

姓名：		班级：	
学号：		日期：	
任务要求		图片展示特效	

一、任务实施与检查

步骤	要点	是否完成
公告栏滚动特效	（1）单击"查看所有图片"按钮后，大图能展示出来	
	（2）单击大图的左右箭头，能切换图片	

二、任务调试记录

问题现象描述	原因分析及解决方法

三、任务评价

序号	考核指标	所占分值	得分	评语
1	工作态度	20		
2	任务完成情况	40		
3	任务完成质量	40		

指导教师：

任务 14 表单输入验证特效任务工单

姓名:		班级:	
学号:		日期:	
任务要求		表单输入验证特效	

一、任务实施与检查

步骤	要点	是否完成
表单输入验证特效	（1）能验证用户输入的手机号码的格式是否正确	
	（2）能验证用户输入的邮箱的格式是否正确	

二、任务调试记录

问题现象描述	原因分析及解决方法

三、任务评价

序号	考核指标	所占分值	得分	评语
1	工作态度	20		
2	任务完成情况	40		
3	任务完成质量	40		

指导教师：

项目二 移动端页面制作——以岭南旅游网为例

任务15 移动端新闻详情页制作任务工单

姓名：		班级：	
学号：		日期：	
任务要求	新建移动端网站，存放移动端各个文件。在移动端网站中制作新闻详情页，展示新闻详情		

一、任务实施与检查

步骤	要点	是否完成
1. 新建网站和 HTML 文件	（1）项目存放在合适的位置	
	（2）项目里有 css、js 和 img 文件夹	
	（3）图片已经存放到 img 文件夹里	
	（4）newsDetail.html 文件命名正确	
2. 新建和引入 CSS 文件和 JavaScript 文件	（1）新建 style.css 文件	
	（2）新建 index.js 文件	
	（3）正确使用相对路径引入 CSS 文件	
	（4）正确使用相对路径引入 JS 文件	
3. 设置自适应的字体大小	（1）字体大小能根据网页大小动态调整	
4. 最外层盒子的制作	（1）设置了背景色、字体大小和边距等通用样式	
	（2）屏幕宽度超过 780px 时，网页最大宽度为 780px，屏幕不超过 780px 时，网页宽度为整个屏幕的宽度	
5. 顶部标题部分制作	（1）顶部标题"新闻内容"背景色为蓝色，字体为白色，有返回箭头	
6. 正文部分制作	（1）有来源和时间	
	（2）图片大小合适，没有变形	
	（3）每段文字首行缩进两字符	

二、任务调试记录

问题现象描述	原因分析及解决方法

三、任务评价

序号	考核指标	所占分值	得分	评语
1	工作态度	20		
2	任务完成情况	40		
3	任务完成质量	40		

指导教师：

任务 16 移动端新闻列表页制作任务工单

姓名:		班级:	
学号:		日期:	
任务要求	colspan	在移动端网站中制作新闻列表页,展示新闻列表	

一、任务实施与检查

步骤	要点	是否完成
1. 新建 HTML 文件、引入 CSS 文件和 JavaScript 文件	(1) 新建 newsDetail.html 文件	
	(2) 正确使用相对路径引入 CSS 文件	
	(3) 正确使用相对路径引入 JS 文件	
2. 最外层盒子和顶部标题的制作	(1) 屏幕宽度超过 780px 时,网页最大宽度为 780px,屏幕不超过 780px 时,网页宽度为整个屏幕的宽度	
	(2) 顶部标题"新闻动态"背景色为蓝色,字体为白色,有返回箭头	
3. 新闻列表部分制作	(1) 列表项有圆角边框和阴影	
	(2) 列表项左侧图片大小合适,没有变形	
	(3) 列表项右侧标题字体加粗,位置正确	
	(4) 列表项右侧日期靠右对齐	
	(5) 列表项右侧标题和日期之间的间距合适	

二、任务调试记录

问题现象描述	原因分析及解决方法

三、任务评价

序号	考核指标	所占分值	得分	评语
1	工作态度	20		
2	任务完成情况	40		
3	任务完成质量	40		

指导教师:

任务 17 移动端景点详情页制作任务工单

姓名:		班级:	
学号:		日期:	
任务要求	制作移动端景点详情页，呈现景点详细信息		

一、任务实施与检查

步骤	要点	是否完成
1. 新建文件，引入 CSS 文件和 JavaScript 文件	（1）新建 newsDetail.html 文件	
	（2）正确使用相对路径引入 style.css 文件	
	（3）正确使用相对路径引入 index.js 文件	
2. 最外层盒子制作	（1）屏幕宽度超过 780px 时，网页最大宽度为 780px，屏幕不超过 780px 时，网页宽度为整个屏幕的宽度	
3. 顶部图片部分制作	（1）顶部标题"岭南旅游网—景点详情"背景色为灰色，字体为黑色，有关闭图标按钮	
	（2）顶部图片大小合适，没有变形	
	（3）顶部图片上有返回箭头	
4. 主体部分制作	（1）主体部分和顶部图片有一部分重合	
	（2）主体部分有圆角边框	
5. 标题部分制作	（1）文字正确，大小合适，字体颜色为蓝色	
6. tag 部分制作	（1）间距合适	
	（2）圆角边框	
	（3）背景色为橙色，字体颜色为白色	
7. 正文部分制作	（1）正文字体大小和间距合适，首行缩进 2 字符	
8. 图片部分制作	（1）图片没有变形	
	（2）图片大小合适	
	（3）图片间距合适	
	（4）可以左右划动查看两边的图片	
9. 建议部分制作	（1）"建议游玩"等提示字体颜色为蓝色	
10. 地图部分制作	（1）地图正确显示	
11. 评论部分制作	（1）头像大小合适	
	（2）提交评论部分，各控件垂直居中对齐	

二、任务调试记录

问题现象描述	原因分析及解决方法

三、任务评价

序号	考核指标	所占分值	得分	评语
1	工作态度	20		
2	任务完成情况	40		
3	任务完成质量	40		

指导教师：

任务 18　旅游攻略列表页制作任务工单

姓名：		班级：	
学号：		日期：	
任务要求	制作页脚，呈现版权信息		

一、任务实施与检查

步骤	要点	是否完成
1. 新建 HTML 文件，引入 CSS 文件和 JavaScript 文件	（1）文件命名正确	
	（2）正确使用相对路径引入 CSS 文件	
	（3）正确使用相对路径引入 JS 文件	
2. 最外层盒子和顶部标题制作	（1）屏幕宽度超过 780px 时，网页最大宽度为 780px，屏幕不超过 780px 时，网页宽度为整个屏幕的宽度	
	（2）顶部标题"新闻内容"背景色为蓝色，字体为白色，有返回箭头	
3. 主体部分和景点卡片制作	（1）景点卡片间隔均匀	
	（2）景点卡片中的图片大小合适，没有变形	
	（3）景点卡片图片上方有白色堆叠文字，显示景点名称和地址。地址前有图标	

二、任务调试记录

问题现象描述	原因分析及解决方法

三、任务评价

序号	考核指标	所占分值	得分	评语
1	工作态度	20		
2	任务完成情况	40		
3	任务完成质量	40		

指导教师：

任务 19 移动端首页制作任务工单

姓名:		班级:	
学号:		日期:	
任务要求		制作岭南旅游网移动端首页	

一、任务实施与检查

步骤	要点	是否完成
1. 新建 HTML 文件，引入 CSS 文件和 JavaScript 文件	（1）文件命名正确	
	（2）正确使用相对路径引入 CSS 文件	
	（3）正确使用相对路径引入 JS 文件	
2. 最外层盒子制作	（1）屏幕宽度超过 780px 时，网页最大宽度为 780px，屏幕不超过 780px 时，网页宽度为整个屏幕的宽度	
3. 头部制作	（1）头部有搜索框	
	（2）头部显示轮播图中的一张	
	（3）头部轮播图上堆叠着三个圆点	
4. 服务类型部分制作	（1）服务类型选项卡为圆角矩形，有渐变背景色	
	（2）服务类型选项卡各部分宽度一致，间距相同	
	（3）每个选项卡都有正确的图标	
	（4）选项卡文字和图标在选项卡中居中	
5. 热门景点部分制作	（1）有"热门景点"标题	
	（2）各类景点图片大小合适，没有变形	
	（3）各类景点的图片都是圆角矩形	
	（4）各类景点的图片上有该景色类别的标题文字	
6. 旅游攻略部分制作	（1）有"旅游攻略"标题	
	（2）每个攻略项卡片外有盒子阴影	
	（3）每个攻略卡片大小一致，间距相同	
	（4）每个攻略卡片的上部为图片，大小合适，位置正确	
	（5）每个攻略卡片里的正文位置正确，首行缩进 2 字符，文字多出列表盒子的部分用省略号显示	
	（6）攻略卡片里用户头像为圆形，位置正确，大小合适，没有变形	

步骤	要点	是否完成
6.旅游攻略部分制作	（7）攻略卡片里的用户名位置正确，多余的文字用省略号显示	
	（8）攻略卡片里"达人推荐"背景色为橙色，字体颜色为白色，位置正确	
7.最新动态部分制作	（1）列表项有圆角边框和阴影	
	（2）列表项左侧图片大小合适，没有变形	
	（3）列表项右侧标题字体加粗，位置正确	
	（4）列表项右侧日期靠右对齐	
	（5）列表项右侧标题和日期之间的间距合适	
	（6）列表项文字大小正确	
8.底部导航部分制作	（1）导航项目大小一致，间距相同	
	（2）导航项目上面是图标、下面是文字，图标和文字正确	

二、任务调试记录

问题现象描述	原因分析及解决方法

三、任务评价

序号	考核指标	所占分值	得分	评语
1	工作态度	20		
2	任务完成情况	40		
3	任务完成质量	40		

指导教师：